Windows

8 实战应用技巧
查询宝典

江 燕　孙健康　编著

北京希望电子出版社
Beijing Hope Electronic Press
w w w . b h p . c o m . c n

内 容 简 介

Windows 8 是由微软公司开发的，集办公、娱乐、管理和安全于一体的操作系统。本书以循序渐进的方式，全面系统地介绍了 Windows 8 各方面的使用技巧和方法。

全书共 17 章，主要内容包括 Windows 8 的新功能、Windows 8 基本操作、Windows 8 个性化设置、文件与文件夹管理、输入法和字体、用户管理和用户文件安全、系统硬件管理与配置、Windows 8 常用附件、Windows 8 视听与休闲娱乐、家庭组/共享与远程桌面、IE 10 上网应用、Skype 与 SkyDrive 的使用、系统监控与管理、系统优化与维护、系统安全管理、系统备份与还原、Windows 8 常见故障处理等。

本书内容全面、结构清晰、语言简练、图文并茂。适用于 Windows 8 初学者、操作系统发烧友，以及有一定经验的操作系统使用者，同时也适合作为大中专院校和培训结构的使用教材。

图书在版编目（CIP）数据

Windows 8 实战应用技巧查询宝典 / 江燕，孙健康编著.—北京：北京希望电子出版社，2014.1

ISBN 978-7-83002-129-0

Ⅰ.①W… Ⅱ.①江…②孙… Ⅲ.①Windows 操作系统 Ⅳ.①TP316.7

中国版本图书馆 CIP 数据核字（2013）第 260509 号

出版：北京希望电子出版社	封面：深度文化
地址：北京市海淀区上地 3 街 9 号	编辑：刘秀青
金隅嘉华大厦 C 座 610	校对：刘 伟
邮编：100085	开本：889mm×1194mm 1/32
网址：www.bhp.com.cn	印张：17
电话：010-62978181（总机）转发行部	印数：1-3000
010-82702675（邮购）	字数：658 千字
传真：010-82702698	印刷：北京博图彩色印刷有限公司
经销：各地新华书店	版次：2014 年 1 月 1 版 1 次印刷

定价：49.80 元

前 言

Windows 8是由Microsoft公司开发的一款具有革命性变化的操作系统。与之前的Windows系统相比，它不再单一地支持普通电脑，同时可以作为平板电脑的操作系统，即兼容移动终端。Windows 8的推出，让Microsoft在平板电脑市场占据一席之地，并与Apple的IOS系统和谷歌的Android系统形成三足鼎立之势。

读者对象

对于Windows 8初学者、操作系统发烧友，以及有一定经验的操作系统使用者，本书可以帮助他们快速掌握Windows 8操作技能；同时，本书也适合作为大中专院校和培训结构的使用教材。

本书特点

本书与市场上其他Windows 8书籍不同，不以传统教程方式来介绍Windows 8，而是通过清晰的结构规划，以操作技巧方式解析Windows 8的具体操作。本书具有以下特点。

内容全面、易学易用

本书从Windows 8初学者的角度出发，涵盖Windows 8使用中最实用的常用技巧，内容安排由浅入深、循序渐进，并配合步骤清晰的小实例和小技巧，让读者易学习、易上手、易操作。

结构清晰，即查即看

本书共17章，包含了Windows 8中的30多个功能应用点的讲解。通过目录可以清晰地找到这些功能应用点所对应的操作小技巧，真实意义上实现即查即看即学的效果。

技巧实用，可操作性强

本书由一个个小实例、小技巧组成，以全图解的方式为读者讲解各功能的应用。每个小实例、小技巧都带有操作目的性，并不是呆板的介绍功能，而是为了达到设置目的而进行的一系列操作。

　　本书由江燕和孙健康编写，其中第1～10章由江燕老师编写（新华学院），第11～17章由孙健康老师编写（安徽城市管理学院）。此外，还要感谢程亚丽、丁青天、高亚、陈永丽、胡凤悦、李勇、夏慧文、王成成、王鹏程、张军翔、朱梦婷、谢黎娟、张雨晴、音凤琴、许琴、余杭、聂芊芊、牛雪晴、鼓丹丹等参与本书的校对、整理与排版，在此对他们表示深深的谢意。

　　本书从策划到出版，倾注了出版社编辑们的大量心血，特在此表示衷心地感谢。尽管作者对书中的案例精益求精，但疏漏之处仍然在所难免。如果您发现书中的错误或某个案例有更好的解决方案，敬请登录售后服务网址向作者反馈。我们将尽快回复，且在本书再次印刷时予以修正。

　　再次感谢您的支持！邮箱：bhpbangzhu@163.com。

编著者

CONTENTS 目录

第3章 Windows 8个性化设置

第4章 文件与文件夹管理

第5章　输入法和字体

第6章　用户管理与用户文件安全

第7章　系统硬件管理与配置

第8章　Windows 8常用附件的使用

第9章　Windows 8视听与休闲娱乐

第10章　家庭组、共享与远程桌面的使用

第11章　IE 10上网应用

第12章　Skype与SkyDrive的使用

第13章　系统监控与管理

第14章　系统优化与维护

第15章　系统安全管理

第16章　系统备份与还原

第17章　Windows 8常见故障处理

第 *1* 章

体验Windows 8 的新功能

技巧1 Metro UI用户主界面

　　Metro是Windows 8的主要界面显示风格，是一个专为触摸而设计的最新Metro风格界面，能向用户显示重要信息，同时支持鼠标和键盘，并应用于平板设备。Metro风格界面设计优雅，可以令用户获取一个美观、快捷、流畅的Metro风格的界面和大量可供使用的新应用程序。

　　如果用户希望永远沉浸在Metro界面中，那么将永远不会看到桌面，除非刻意选择，否则系统甚至不会加载它，这样的Windows焕然一新。

❶ 操作时，只需一点，即可开启应用，一键即可在Metro界面和传统桌面之间进行切换。

❷ 强调信息本身：Metro UI是一种强调信息本身的界面，而不是冗余的界面元素，显示下一个界面的部分元素的作用主要是提示用户"这儿有更多信息"，同时在视觉效果方面，这有助于形成一种身临其境的感觉，如图1-1所示。

图1-1

❸ 强调利用时间碎片：在时间碎片中找寻到更多的信息。现在社会连呼吸都要赶时间，很多用户没有过多的时间来用复杂的手势操控手机。在公交车上，利用从座位起身到在后门排队等着下车的这个狭窄的时间间隔中，可能还想着要看一条微博；趁着在超市排队结账的时候，也许都要用微信摇一下周围的新朋友。着重提高用户的单手操作准确性，就能让用户"迷恋"上应用，如图1-2所示是在Metro界面中展示的所有应用程序。

❹ Metro UI不是大方块，在保持轻量和内容为主的前提下，适当地增加界面视觉层次和其他图形或者无图形的展现，是有利于用户对内容的辨识以及舒适阅读的。

❺ Windows UI界面下可自动显示更新信息的图标，并可调节大小，调整位置，选择隐藏。

图1-2

技巧2 Ribbon界面设计的资源管理器

Windows 8资源管理器的Ribbon界面细节更贴近Metro风格，功能区的"文件"、"主页"、"共享"、"查看"按钮由之前的立体风格变成了平面色块风格，与Windows 8的Metro风格保持统一。

Ribbon原来出现在Microsoft Office 2007的Word、Excel和PowerPoint组件中，后来也被运用到 Windows 7 的一些附加组件等其他软件中，如画图和写字板。它是一个收藏了命令按钮和图标的面板。它把命令组织成一组"标签"，每一组包含了相关的命令，每一个应用程序都有一个不同的标签组，展示了程序所提供的功能，在每个标签里，各种相关选项被组在一起。设计Ribbon的目的是为了使应用程序的功能更加易于发现和使用，减少了点击鼠标的次数。

❶ 按Windows+E快捷键，打开"这台电脑"窗口。在Windows 8中，默认情况下是隐藏功能区的，这也为小屏幕的用户节省了屏幕空间，用户只需单击窗口右边的 ⌄ 按钮，将显示Ribbon界面功能区；同样单击 ⌃ ，即可隐藏Ribbon界面功能区，如图1-3所示。

图1-3

❷ 在"这台电脑"窗口中，单击"计算机"菜单，在打开的Ribbon界面中，主要包含一些用户对计算机常用操作的命令，如查看系统属性、打开控制面板、卸载程序等命令，如图1-4所示。

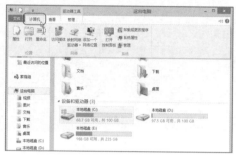

图1-4

❸ 打开任意磁盘，会显示"主页"等菜单，主要包含对文件操作的常用命令，包括复制、剪切、粘贴、新建、选择、删除、编辑等，如图1-5所示。

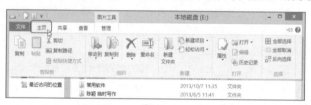

图1-5

❹ 快速访问工具栏位于标题栏中，包含用户常用的命令，以便快速使用这些命令。默认情况下只显示属性、新建文件夹、撤销、恢复4个命令，用户可根据需要设置，如图1-6所示。

图1-6

技巧3 分屏多任务处理界面

分屏多任务处理界面，允许用户同时在屏幕上运行多款应用程序。

1 在Metro界面中，将鼠标放置在右上角或右下角，会弹出一个菜单屏幕，如同1-7所示。

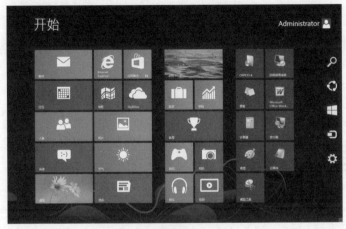

图1-7

2 将鼠标放置在需要的选项上，屏幕会变成黑色且显示各选项的名称，并在界面左下角出现时间日期屏幕，如同1-8所示。

图1-8

3 单击其中的一个选项，会展开相应的选项屏幕，如同1-9所示，用户根据需要选择使用。

图1-9

技巧4 全新的复制覆盖操作窗口

Windows 8中对主要用户界面带来许多改进。在文件管理方面，微软对操作过程和用户界面做出了革新，使得文件的复制、移动、重命名和删除过程更简单明了。在Windows 8中，所有文件复制进程将合并至同一个窗口中。在此窗口里，用户对所有进程一览无余，可以单独对每个进程进行暂停、恢复以及取消操作，并可实时监控该进程的操作速度和预计剩余时间等状况。

文件覆盖界面完全得到了重新设计，不再像Windows 7及以前的系统一样，只有简单地对每个文件单独询问或全部实行覆盖、自动重命名、保留原文件等操作，而是打开一个窗口，用户可以单独对每个文件选择保留原文件或使用新文件等。如选择同时保留原文件和新文件，后者将会自动重命名。在此窗口中，图像文件还会显示缩略图，双击即可打开预览完整图像。

❶ Windows 8的界面清晰、简洁，易于观察，用户可以在同一个界面中管理所有文件的复制和移动等操作，如图1-10所示。

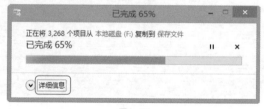

图1-10

❷ 在复制和移动文件时，默认显示简洁信息，用户只需单击图中的"详细

信息"按钮，即可显示图中的详细模式，如图1-11所示。在详细模式中，用户会看到实时吞吐量图表的详细视图，每项复制操作显示有数据传输速度、传输速度趋势、要传输的剩余数量以及剩余时间。

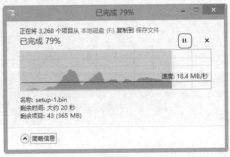

图1-11

3 在Windows 8之前的操作系统中，用户不能暂停文件的复制和移动操作。同时复制和移动多个文件，会导致文件的复制和移动异常缓慢。而Windows 8中为文件的复制和移动加入了暂停功能，用户只需单击 **Ⅱ** 按钮，即可暂停文件的复制和移动操作，如图1-12所示。

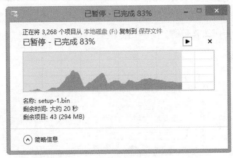

图1-12

技巧5 集成IE 10浏览器

IE 10是微软公司最新的操作系统Windows 8的内置浏览器，在Metro风格界面下的IE 10给用户提供更快捷、流畅的上网体验。

1 Metro IE 10的开始页面上可以保存常用及收藏网站，每当用户打开一个新标签时开始页面便会显示。在"开始"屏幕上可直接使用、设置IE 10，在"开始"屏幕空白处单机鼠标右键，即可弹出下方的屏幕，如图1-13所示，在此可卸载、在新窗口中打开等操作。

图1-13

② 传统界面的IE 10与IE 9界面十分相似，拥有和Metro界面版相同的内核和功能，但IE 10提供更高性能和安全保护，以及更多硬件加速和HTML5站点支持。相比IE 9的诸多优秀特性，IE 10的改进包括可将最爱站点固定到启动屏幕中、进一步简化导航按钮、隐私保护模式支持私人标签、地址栏可选择放置于顶部或底部。

③ 显示速度更快。在IE 10窗口中，选择"工具"→"Internet选项"菜单命令，打开"Internet选项"对话框，切换到"高级"选项卡，定位到"加速的图形"，勾选"使用软件呈现而不使用CPU呈现"复选框，然后单击"确定"按钮，如图1-14所示。

图1-14

④ 启动后，新的浏览器将默认占据整个屏幕，点击后就会打开个性化主页（和iGoogle个性化主页非常类似）和键入网站地址的导航栏。同时，在屏幕上

会显示常用的网站以及自己定制的网站，如图1-15所示。

图1-15

⑤ 图像显示速度将超级快。微软已经参与建立HTML 5的网页标准，其将具备"硬件加速"功能，这意味着将给予IE更多的计算处理能力。同时，采用HTML 5技术，将给视频以及游戏带来更快的浏览体验。

⑥ 更容易地分享网页。为了让搜索、分享网页以及设置操作更简单，微软专门设计了一个叫Charms的按钮组合，这种处理方式也用在所有的Metro风格APP上。其分享功能就像现在的分享扩展，可以更容易在不离开浏览器的情况下通过邮件或者直接分享网页。

技巧6　支持触控、键盘和鼠标3种输入方式

Windows 8支持传统的触控、键盘、鼠标输入。

❶ 支持触控：支持ARM架构，为触摸操作专门打造Metro界面，并对触摸操作进行全面的优化，可在传统界面与Metro界面之间轻松切换。

❷ 键盘：Windows 8不但支持PC，还支持平板电脑和智能手机，而且其计算能力还会像PC笔记本那样强大，连接键盘后又可以迅速变身为既能键盘输入又能触摸的笔记本。

❸ 鼠标：Windows 8更倾向于使用触控操作，减少键盘鼠标的使用时间，不再依赖键盘鼠标，使用键盘鼠标时间减少，键盘鼠标需求会下降。

技巧7　内置Windows应用商店

计算机中用户的图片是可以修改的，如果用户需要更改图片，可以通过下

面介绍来实现。

1 Windows应用商店：消费者可以下载他们需要的应用程序，并且这些应用程序都有安全保障，可以放心地在任何装有Windows 8的设备上运行，如图1-16所示。

图1-16

Windows应用商场的界面十分简洁，打开后就像是开启了一个文件夹。Windows应用商场左侧有：我的应用、应用商场、我的下载、应用管理、系统设置等，右边可以看到我的收藏、聊天记录、我的评论、我的账户等，以及一些应用排行榜。

2 Windows 应用商店帮助开发人员将自己的应用程序销售到全球各地，只要有Windows 8的地方，都可以向用户展示你开发的应用。

3 Windows 8应用商店的好处是显而易见的，听歌、看小说、看电影、玩QQ都有专门的应用，用户只需点点鼠标。每一个应用都必须通过微软的审核，安全性相对较高。

4 Windows 8应用商店的最大好处，是在换一台电脑之后，可以用自己的账号登录Windows 8，自动下载并安装同步保存的所有Windows 8应用。也就是说，可以在极短的时间内将别人的电脑变成自己的Windows 8电脑。

技巧8 应用程序的后台常驻

Windows 8风格的应用程序一旦被切换掉，便处于一种挂起状态，不再占用CPU资源，但内存资源似乎不会被释放。

一个后台任务是一个系统或时间事件，可以受一个或多个条件的限制。当一个后台任务被触发，会关联处理程序运行和执行任务的工作背景。一个后台任务可以运行一个应用程序。

技巧9　智能复制

在Windows 8之前的操作系统中，微软一直在努力提升文件的复制速度。在Windows 8中，除了文件复制速度得到了提升，文件的复制、粘贴的显示方式和相同选项的处理也得到了很大革新。在相同选项的处理中，增加了查看功能，为用户的文件操作提供了便捷。

Windows 8系统的资源管理器拖放功能再次改进，只要将移动的内容拖到地址栏相应的文件夹内，就可以将内容移动过去。

❶ 当用户复制文件到另一个文件夹时，可能会遇到同名的文件。复制时，如果有同名文件，Windows 8操作系统会弹出对话框提醒用户如何对同名文件进行处理，如图1-17所示。默认有3项处理选项，即"替换目标中的文件"、"跳过这些文件"、"让我决定每个文件"。

❷ 选择"让我决定每个文件"选项，将出现新的"文件冲突"对话框，如图1-18所示。在"文件冲突"对话框中，来自源文件中所有文件位于对话框左侧，目标文件夹中存在文件名冲突的所有文件都位于对话框右侧。整个对话框集中显示所有冲突文件的关键信息，如文件名、文件大小等。如果是图片，操作系统还会提供图片预览。

图1-17

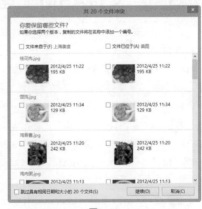

图1-18

❸ 如果用户想了解文件的更多信息，只需移动光标到相应的文件缩略图上，就会显示文件的完整路径，也可以双击缩略图在当前位置打开该文件夹。

技巧10　内置PDF阅读器

一直以来，Windows用户都要安装第三方PDF阅读器才能查看PDF文件，如安装Adobe Reader或者国产的福昕PDF阅读器。微软的Windows 8已内置PDF阅读器，也就是说Windows 8将不需要安装任何PDF阅读软件就能阅读PDF文件，如图1-19所示。

图1-19

技巧11 支持ARM处理器

ARM处理器是一个32位元精简指令集（RISC）处理器架构，其广泛地使用在许多嵌入式系统设计。它体积小、低功耗、低成本、高性能；支持Thumb（16位）/ARM（32位）双指令集，能很好地兼容8位/16位器件；大量使用寄存器，指令执行速度更快；大多数据操作都在寄存器中完成；寻址方式灵活简单，执行效率高；指令长度固定。

① 在CES 2011上，微软正式宣布Windows 8系统将支持来自Intel、AMD和ARM的芯片架构。也就是说，下一代Windows系统还将支持来自NVIDIA、高通和德州仪器等合作伙伴的ARM系统。这一决策意味着Windows系统开始向更多平台迈进，包括平板机。

② 在x86架构方面，Intel和AMD将继续他们在低功耗SoC（System on a Chip）系统方面的设计，并且全面支持Windows，包括对x86应用程序的支持。SoC架构与Windows平台的结合中在节能方面取得重大进展，比如宣布的第二代Intel Core处理器家族和AMD的Fusion融合APU。在ARM架构方面，微软已经确定了第一批合作伙伴：NVIDIA、高通、德州仪器，他们将负责为下一代Windows系统生产ARM处理器。

③ Windows 8可以原生运行在ARM芯片上，具备完整的操作系统功能，并且提供原生驱动和应用程序，支持硬件加速。支持ARM架构展示了Windows软

件的灵活性和弹性，以及世界级的开发理念。

技巧12 支持USB 3.0标准

USB 3.0是最新的USB规范，也被认为是Super Speed USB，为那些与PC或音频、高频设备相连接的各种设备提供了一个标准接口。USB 3.0的传输速度是USB 2.0传输速度的10倍左右（5Gbps）。

1 USB 3.0可以在存储器件所限定的存储速率下传输大容量文件（如HD电影）。例如，一个采用USB 3.0的闪存驱动器可以在15秒钟将1GB的数据转移到一个主机，而USB 2.0则需要43秒。

2 大量的数据流传输需要更快的性能支持，同时传输的时候，空闲时设备可以转入到低功耗状态，甚至可以空下来去接收其他的指令，完成其他动作。

技巧13 Xbox Live服务

Xbox Live是Xbox及Xbox 360专用的多用户在线对战平台，由微软公司开发、管理。它最初于2002年11月在Xbox游戏机平台上开始推出，后来此服务推出更新版本，并伸延至PC平台和Windows Phone系统，为用户的Xbox 360、Windows Phone和Windows 8提供在线服务。

1 Windows 8的"开始"屏幕中自带Xbox音乐视频功能，进一步突出了全新Windows 8的风格。

2 联机游戏：支持语音短信、私人语音聊天、个性化设置以及统一标准的好友列表。

3 Xbox Live Marketplace：可下载Xbox Live Arcade的各种经典游戏，尽管都是50MB以下的小游戏，但由于下载费用低且耗费时间短，所以颇受用户欢迎。

4 Xbox Live视频集会所：提供大量的电影和电视娱乐节目下载服务，进一步丰富和拓展了Xbox Live的服务范围。

5 虚拟流通货币：通称"微软点"，目前已经成为了微软在线游戏及各种下载服务的统一支付手段，广为玩家和用户所认同，不过每次购买的点数不得低于400点这个设计有些不够人性化。

技巧14 Hyper-V功能

Hyper-V是微软推出的一种系统管理程序虚拟化技术，是为用户提供更为熟悉以及成本效益更高的虚拟化基础设施软件，这样可以降低运作成本、提高硬件利用率、优化基础设施并提高服务器的可用性。

① 在Windows 8中安装了Hyper-V，打开"控制面板"窗口，单击"程序"→"启用或关闭Windows功能"链接，如图1-20所示。

图1-20

② 打开"Windows功能"对话框，选中"Hyper-V"复选框，如图1-21所示，单击"确定"按钮即可启用。

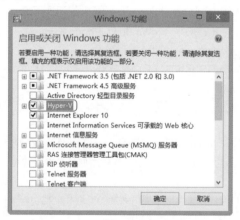

图1-21

③ Hyper-V采用微内核的架构，兼顾了安全性和性能的要求。

④ Hyper-V 的定位更多偏向于服务器虚拟化，在正常运行的情况下，一般无需长期直接在这个控制台连接到虚拟机上进行操作，为系统保留更多的资源。只要服务器配置强劲，可以在Hyper-V创建更多的虚拟桌面会话主机或服务器。

第 2 章

Windows 8基本操作

2.1　启动与关机

技巧1　启动Windows 8

　　启动Windows 8系统和启动Windows XP、Windows 7差不多，按主机上的开机键后，即可进入登录界面。

　　1 Windows 8开机后，会先进入Windows UI，也就是通常我们说的Metro（开始）界面，如图2-1所示。

图2-1

　　2 在"开始"屏幕列出所有程序，用户可拖动下方的滑块，找到需要的程序，单击即可进入。

技巧2　关闭Windows 8

　　Windows 8关机界面相对于其他的界面有所不同，让用户不易查找，通过下面的方法可以实现关机。

　　1 将光标移到右上角（或右下角），会弹出Charm菜单，单击其中的"设置"按钮，如图2-2所示。

图2-2

❷ 弹出"设置"菜单后，单击"电源"按钮，再在弹出的菜单中选择"关机"命令（如图2-3所示），即可关机。

图2-3

提　示

在桌面下利用快捷键Alt+F4，也可调出关机选项进行关机。因流程原理不同，黑屏后并非彻底关机，要耐心等待电源灯熄灭再切断电源。

技巧3 彻底关闭Windows 8

在Windows 8中关机与以往的操作系统关机不太一样，它会将核心服务的状态缓存在硬盘上，这样可以确保系统下次启动会比较迅速。如果想完全关机，可通过下面的方法。

❶ 在桌面空白处单击鼠标右键，在弹出的菜单中选择"新建"→"快捷方式"命令，如图2-4所示。

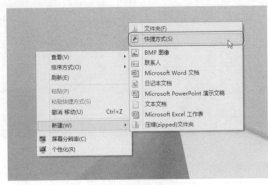

图2-4

2 在弹出的"创建快捷方式"对话框的文本框中输入"shutdown -s -f -t 01"（s：代表关机，f：强制执行，t：剩余时间以秒计），如图2-5所示。

3 单击"下一步"按钮，在"键入该快捷方式的名称"文本框中输入"关机"，如图2-6所示。

图2-5   图2-6

4 单击"完成"按钮，即可在桌面创建"关机"快捷方式，如图2-7所示。

5 用户可以根据自己的习惯将这个快捷方式的图标更换一下。鼠标右键单击"关机"快捷方式图标，在展开的快捷菜单中选择"属性"命令，如图2-8所示。

图2-7

图2-8

6 打开"关机属性"对话框，单击"更改图标"按钮，如图2-9所示，打开"更改图标"对话框，在列表框中选择一种图标，如图2-10所示。

图2-9

图2-10

⑦ 单击"确定"按钮，即可将图标更改为设置的图标，如图2-11所示。

图2-11

提 示

选择"设置"→"电源"→"关机"命令，单击"关机"命令的同时按住Shift键，也可以实现彻底关机。

技巧4 让系统进入睡眠状态

当用户较长时间不用电脑，但又不想关闭打开的文件，可以使用电脑睡眠模式。电脑处于待机状态下的一种模式叫做电脑睡眠模式，它可以节约电源，比较"环保",而且可以省去烦琐的开机过程,增加电脑使用的寿命。

❶ 将光标移到右上角(或右下角),会弹出Charm菜单,单击其中的"设置"按钮,在展开的界面中单击"电源"按钮,在展开的菜单中单击"睡眠"选项,如图2-12所示。

图2-12

❷ 电脑进入睡眠模式后,如果想启用电脑,按键盘上的任意键,即可进入工作的状态。

2.2 "开始"屏幕操作

技巧5 缩小"开始"屏幕程序图标

Modern UI新操作界面被称为"开始"屏幕,显示了所有程序图标,如果程序比较多,需要拖动鼠标才能看到,通过缩小可以一次性看到所有图标。

❶ 将鼠标放置在"开始"屏幕右下角的▬按钮上,当按钮呈高亮状态后,单击此按钮,如图2-13所示。

图2-13

2 此时屏幕上的程序图标都变小了，可以一次性看到所有图标，如图2-14所示，在屏幕任意地方单击即可还原。

图2-14

技巧6 关闭在"开始"屏幕中打开的程序

在"开始"屏幕打开应用程序后，并不能像在桌面上打开的程序一样，有一个关闭按钮，而是无法关闭，可以利用下面方法关闭。

1 这里单击打开"邮件"程序，然后将鼠标放置在屏幕左下角，会出现"开始"屏幕小窗口，如图2-15所示。

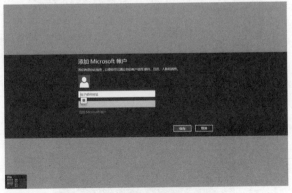

图2-15

2 单击这个小窗口即可切换到"开始"屏幕界面，将鼠标放置在屏幕左上角，会出现打开的邮件小窗口，在窗口上单击鼠标右键，在弹出的快捷菜单中单击"关闭"按钮（如图2-16所示），即可将程序关闭。

图2-16

技巧7 查看所有应用

通过"开始"屏幕可以查看系统中所有应用。

➊ 在"开始"屏幕上单击鼠标右键，弹出任务栏，单击其中的"所有应用"按钮，如图2-17所示。

图2-17

➋ 单击按钮后，即切换到"应用"界面，可看到所有应用程序，如图2-18所示，按照相同的方法可返回原来界面。

图2-18

技巧8 一键卸载程序

卸载程序一般通过控制面板，或者程序自带的卸载功能，但是在"开始"屏幕中可实现一键式卸载。

❶ 在"开始"屏幕需要卸载的程序上单击鼠标右键，在展开的任务栏中单击"卸载"按钮，再在弹出的窗口中单击"卸载"按钮，如图2-19所示。

图2-19

❷ 单击按钮后，即可卸载所选择的程序，如图2-20所示。

图2-20

提　示

在右击某些程序时，再单击"卸载"按钮后会打开"控制面板"中的"卸载或更改程序"窗口，在此窗口中进行卸载。

第1章

第2章

第3章

第4章

第5章

2.3　桌面和任务栏操作

技巧9 "开始"屏幕与传统界面的相互切换

"开始"屏幕是可触屏的，对于平板电脑用户用处可能较大，但是对于普通的用户用处不大，而且用户更习惯于传统界面。通过下面方法可以实现切换。

① 方法一：按Windows键，可由"开始"屏幕切换到传统界面，如图2-21所示，再按Windows键可切换回"开始"屏幕。

图2-21

② 方法二：在"开始"屏幕上，将光标放置在屏幕左上角或左下角处，会出现桌面小窗口，如图2-22所示，单击这个小窗口即可切换到传统桌面。

图2-22

③ 方法三：将鼠标放置在屏幕右上角，弹出Charm菜单，单击菜单中的

"开始"按钮（如图2-23所示），即可切换到传统桌面；按照相同的方法在传统界面中操作，可切换到"开始"屏幕。

图2-23

技巧10　查看和排列桌面图标

桌面的图标不是一成不变的，通过设置可以更改图标显示方式。

❶ 在桌面空白处单击鼠标右键，在弹出的快捷菜单中选择"查看"命令，在展开的子菜单中选择查看的方式，如"小图标"，如图2-24所示。

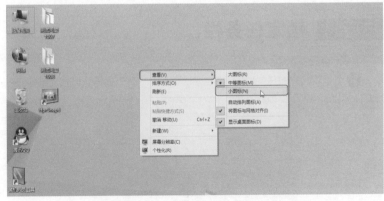

图2-24

❷ 再在桌面空白处单击鼠标右键，在弹出的快捷菜单中选择"排序方式"→"大小"命令，如图2-25所示。

❸ 执行命令后，桌面上的图标即以小图标的方式查看，并按大小排列，如图2-26所示。

图2-25

图2-26

技巧11 锁定任务栏

任务栏在没有锁定时可以放大，且可以改变位置。

❶ 将鼠标放置在任务栏的上边线上，当鼠标变成双向箭头时拖动鼠标即可改变任务栏大小，如图2-27所示。

图2-27

2 将鼠标放置在任务栏上，然后拖动任务栏，可将任务栏放置在上方、左侧，如图2-28所示的是将任务栏放置在上方。

图2-28

3 如果不希望改变任务栏的大小和位置，在任务栏上单击鼠标右键，在弹出的快捷菜单中选择"锁定任务栏"命令（如图2-29所示），即可将任务栏锁定。

图2-29

技巧12　将程序锁定到任务栏中

将常用的程序固定到任务栏中可以方便打开，而不必找到程序所在的位置后才能打开。

1 在"开始"屏幕上，在需要固定的程序上单击鼠标右键，在展开的任务栏中单击"固定到任务栏"按钮，如图2-30所示。

图2-30

② 切换到传统界面，可看到选择的程序（Microsoft Office Picture Manager）固定到任务栏中，如图2-31所示，单击此程序图标可直接打开。

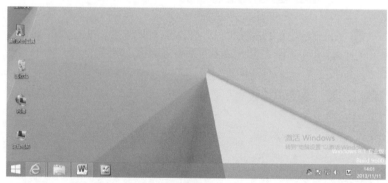

图2-31

③ 在任务栏的程序图标上单击鼠标右键，在展开的快捷菜单中选择"从任务栏取消固定此程序"命令，如图2-32所示，即可取消固定。

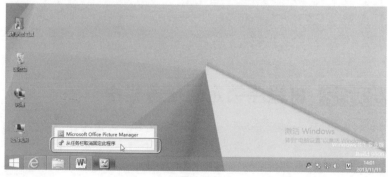

图2-32

技巧13 将"触摸键盘"添加到任务栏中

将一些常用的功能添加到任务栏中，可方便用户使用。

❶ 在任务栏空白处单击鼠标右键，在弹出的快捷菜单中选择"工具栏"→"触摸键盘"命令，如图2-33所示。

图2-33

❷ 执行命令后，即可看到"触摸键盘"图标显示在任务栏右侧，单击此图标即可弹出触摸键盘，如图2-34所示。

图2-34

提 示

若要取消显示触摸键盘，按照同样的方式操作，在工具栏子菜单中取消选中"触摸键盘"命令即可。

技巧14 自动隐藏任务栏

如果在操作某些程序时需要将任务栏隐藏起来，使桌面看起来比较完整，可以执行如下操作。

1 在任务栏空白处单击鼠标右键，在弹出的快捷菜单中选择"属性"命令，如图2-35所示。

2 打开"任务栏属性"对话框，在"任务栏"选项卡中选中"自动隐藏任务栏"复选框，如图2-36所示。

图2-35

图2-36

3 单击"确定"按钮，即会自动隐藏任务栏，如图2-37所示。当鼠标放置在桌面的最下方，即会自动显示任务栏。

图2-37

技巧15　自定义通知区域图标的隐藏或显示状态

　　默认情况下，在Windows 8 通知区域中，只显示音量、网络、日期等图标，QQ、网际快车等应用程序的图标一般处于隐藏状态。可以通过以下方法，让某些图标一直显示或隐藏。

❶ 单击任务栏右侧的下拉按钮▲，在弹出的窗口中看看到隐藏的图标，单击"自定义"选项，如图2-38所示。

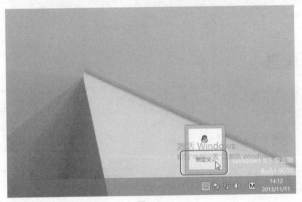

图2-38

❷ 打开"通知区域图标"对话框，选中下方的"始终在任务栏上显示所有图标和通知"复选框，如图2-39所示。

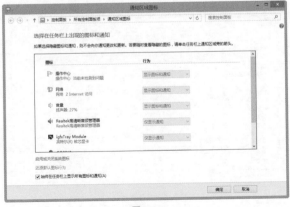

图2-39

❸ 单击"确定"按钮，即可将所有图标显示在任务栏中，如图2-40所示。

第1章　第2章　第3章　第4章　第5章

图2-40

2.4 窗口操作

技巧16 认识Windows 8窗口

Windows 8系统的大部分窗口使用了Windows窗口的边框样式，每个窗口都拥有"最小化"、"最大化"和"关闭"3个按钮。窗口左侧为导航窗格，地址栏右侧增加了搜索栏，如图2-41所示。

图2-41

❶ 在标题栏的左侧增加了工具栏，单击此工具栏右边的下拉按钮，可以轻松设置工具栏显示图标，如图2-42所示。

图2-42

❷ Windows 8系统还在此基础上引用了Office 2010办公软件的Ribbon界面，单击窗口中的✓按钮，可以功能区的形式将窗口命令进行分组，并直观地展示在窗口中，如图2-43所示。

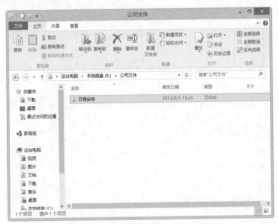

图2-43

❸ 在Microsoft Office应用程序中，Ribbon用户界面功能替代了当前系统的层级菜单、工具栏和任务窗格，使得系统界面更简单，更易找到命令，使用更有效率。

❹ 窗口中原来菜单栏内的部分命令已经移动至功能区了，如常用的复制、粘贴等操作命令就出现在"主页"选项卡中，如图2-44所示。

图2-44

技巧17 在窗口中预览文件

如果想预览窗口中文件的内容，不用打开文件也可预览。

❶ 选中需要预览的文件，然后单击窗口中的"查看"标签，在展开的功能区单击"预览窗格"按钮，如图2-45所示。

图2-45

❷ 此时在窗口的右侧可预览文件内容，如图2-46所示，再选择其他文件可预览相关文件内容。

❸ 选中文件后，在"查看"选项卡中单击"详细信息窗格"按钮，可查看文件创建的一些信息，如创建者、创建日期等，如图2-47所示。

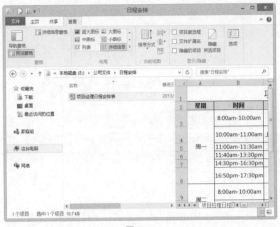

图2-46

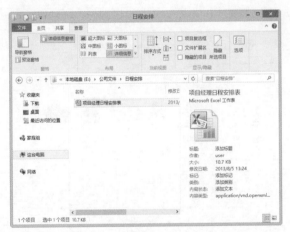

图2-47

技巧18 更改窗口图标布局和排列方式

  窗口中图标的布局不是一成不变的，可以将图标更改为不同的显示方式，如显示为小图标、中等图标、列表等，而且还可以将图标按照不同的方式排列，如按大小、创建日期排列等。

  ❶ 在窗口中单击"查看"标签，在"布局"组中可选择图标的显示方式，这里选择"大图标"选项（将鼠标指向选项，可预览效果），如图2-48所示，单击后即可应用"大图标"显示布局。

图2-48

❷ 在"查看"选项卡中单击"排序方式"下拉按钮，在展开的下拉菜单中选择一种排序方式，如想要查看近期创建的文件，选择"创建日期"命令（如图2-49所示），即可将窗口中的图标按创建的日期排列，如图2-50所示。

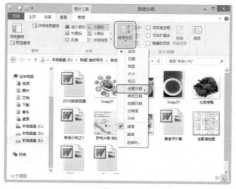

图2-49

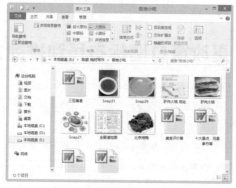

图2-50

技巧19 窗口切换

使用鼠标和快捷键都可以实现窗口快速切换。

❶ 在"开始"屏幕中，将鼠标移动到屏幕的左上角，即可显示当前打开的程序缩略窗口，用鼠标点击即可切换，如图2-51所示。

图2-51

❷ 在传统界面中，将鼠标放置在任务栏左侧打开的窗口或程序图标上，会弹出小窗口，如图2-52所示，在需要打开的小窗口中单击即可切换此窗口中。

图2-52

❸ 快捷键切换。首先按住Alt键（或者Windows键），再按Tab键，会在桌面上弹出一个横向的切换缩略图栏，然后每按一次Tab键即可切换一次程序窗口，切换到缩略图的同时，背景会改变到当前窗口，如图2-53所示，松开按键即可。

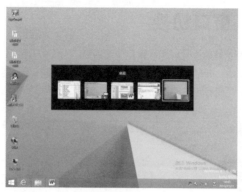

图2-53

技巧20 排列窗口

在桌面上窗口有不同的排列方式，可
以方便用户查看。

❶ 在任务栏空白处单击鼠标右键，
在弹出的快捷菜单中显示了3种排列窗口的
方式："层叠窗口"、"堆叠显示窗口"
和"并排显示窗口"，这里选择"并排显
示窗口"命令，如图2-54所示。

❷ 执行命令后，显示效果如图2-55
所示。

图2-54

图2-55

2.5 库

技巧21 创建自己的工作库

创建一个库比较简单，而且也比较实用，可以存储一些有用的资料。

❶ 打开"这台电脑"窗口，在左侧的导航区可以看到一个名为"库"的图标。

❷ 右键单击该图标，在快捷菜单中选择"新建"→"库"命令，如图2-56所示。

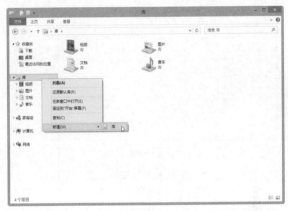

图2-56

❸ 系统会自动创建一个库，然后就像给文件夹命名一样为这个库命名，比如命名为"常用资料"，如图2-57所示。

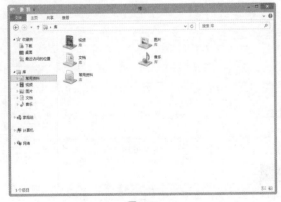

图2-57

技巧22 重命名库

如果对创建的库的名称不满意，可以将库像重命名普通文件夹一样重命名库。

❶ 在需要重命名的库上单击右键，在弹出的快捷菜单中选择"重命名"命令，如图2-58所示。

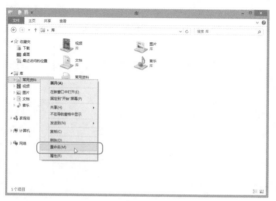

图2-58

❷ 执行命令后，选择的库显示为可输入状态，重新输入名称即可，如图2-59所示。

图2-59

提 示

不但可以重命名库，还可以对库进行复制、删除等操作，也可以将库固定到"开始"屏幕中。

技巧23 分类管理自己的库

在Windows 8中有4个默认的库，分别是"视频"、"图片"、"文档"、"音乐"，这4个默认的库分别包含了系统中的相关文件夹，可对其进行管理，下面以对"图片"库管理为例进行介绍。

1 选中"图片"库，会自动出现"库工具"→"管理"选项卡，在这个选项卡中单击"管理库"按钮，如图2-60所示。

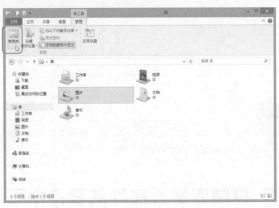

图2-60

2 打开"图片库位置"对话框，可看到图片库包含的内容，单击"添加"按钮，如图2-61所示。

图2-61

3 打开"将文件夹加入到'图片'中"对话框，选择需要添加到"图片"库中的文件夹或文件，如图2-62所示。

④ 单击"加入文件夹"按钮，返回到"图片库位置"对话框中，可以看到"下载"文件夹被添加到图片库中，如图2-63所示，单击"确定"按钮，即可添加成功。

图2-62

图2-63

提 示

在"图片库位置"对话框中，在"库位置"列表中选择需要删除的文件夹，单击"删除"按钮，即可将图片库中的文件夹删除。

技巧24 控制库是否在导航窗格中显示

不是所有的库都必须在导航窗格中显示，可以根据自定义设置。

① 选择任意库，这里选择新创建的"工作库"，然后在"管理"选项卡中可以看到"在导航窗格中显示"选项呈选中状态，如图2-64所示。

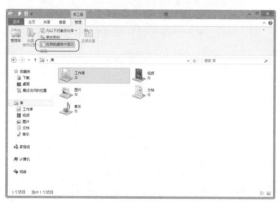

图2-64

② 单击"在导航窗格中显示"选项，使其不选中，可看到在导航窗格的"库"下没有显示"工作库"，如图2-65所示。

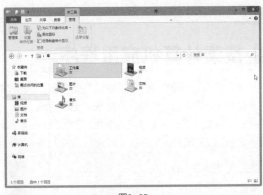

图2-65

③ 按照同样的方法，自定义各类库在导航窗格中显示或不显示。

技巧25　还原系统默认库

在使用Windows 8操作系统时，如果不小心删除了Windows 8自带的默认库，并且回收站中也没有找到，可以通过下面的方法将其快速找回。

① 打开"这台电脑"窗口，右击左侧窗格中的"库"选项，在弹出的菜单中选择"还原默认库"命令，如图2-66所示。

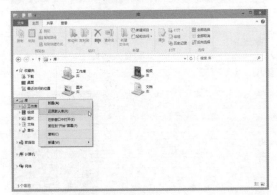

图2-66

② 执行命令后，即可找到默认的库。

提　示

删除库时，只会将库自身移动到回收站。而在该库中访问的文件和文件夹存储在其他位置，因此不会被删除。

第1章

第2章

第3章

第4章

第5章

2.6 搜索

技巧26 搜索计算机应用程序

在Windows 8系统中专门提供了一种搜索计算机内应用程序的功能，若计算机内的应用程序比较多，查找比较麻烦，可以利用搜索功能。

❶ 将鼠标放置在桌面上的右上角或右下角，弹出Charm菜单，单击其中的"搜索"选项，如图2-67所示。

图2-67

❷ 即会出现"搜索"窗格（如图2-68所示），在文本框中输入搜索的关键字，如"QQ"，窗格中会自动出现与QQ有关的程序，如图2-69所示，单击相应的程序即可打开。

图2-68

图2-69

技巧27 在"这台电脑"窗口中搜索

在"这台电脑"窗口中可以自定义搜索方式进行各种搜索。

❶ 在"这台电脑"窗口中,有一个"搜索 这台电脑"文本框,如图2-70所示。

图2-70

❷ 在"搜索 这台电脑"文本框中输入查找文件或文件夹的名称,系统会自动查找并出现查找的内容,如图2-71所示。

提 示

尽管Windows 8中的索引模式搜索速度已经很快,但如果是第一次进行搜索,还是需要花费一定的时间来建立索引文件,因此时间就要长一些。如果知道自己要搜索的文件所在的文件夹,那么最简单的加速方法就是缩小搜索的范围,找到文件所在的文件夹,然后再在"搜索 这台电脑"文本框中输入要搜索的内容,这样即可快速搜索。

第1章 第2章 第3章 第4章 第5章

图2-71

技巧28 使用通配符进行模糊搜索

通配符是指用来代替一个或多个未知字符的特殊字符，常用的通配符有两种：*（星号）代表任意字符串；?（问号）代表任何单个字符。

在一些特殊情况下，可以使用通配符进行模糊搜索。

① 如要搜索所有扩展名为.xlsx的文件，只需在搜索栏中输入"*.xlsx"，系统即会自动搜索扩展名为.xlsx的文件，如图2-72所示。

图2-72

② 要搜索所有文件名为3个字符，且前2个字符都是"动物"的jpg文件，只需在搜索栏中输入"动物?.jpg"即可，如图2-73所示。

图2-73

技巧29　按照特殊方式搜索

这里的特殊方式搜索是系统提供的特定的搜索方式，可以方便用户按照不同方式查找。

❶ 如用户要搜索今天所编辑的所有文件，将光标定位到搜索文本框中，会自动弹出"搜索工具"→"搜索"界面，单击"修改日期"下拉按钮，在展开的下拉菜单中选择"今天"选项（如图2-74所示），即会自动搜索今天所编辑的所有文件，如图2-75所示。

❷ 如用户需要搜索计算机中的所有图片文件，单击"类型"下拉按钮，在展开的下拉菜单中选择"图片"选项（如图2-76所示），即会自动搜索所有的图片文件。

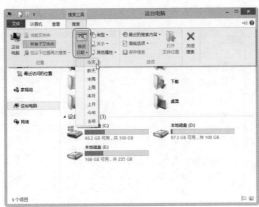

图2-74

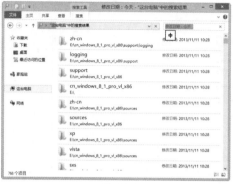

图2-75

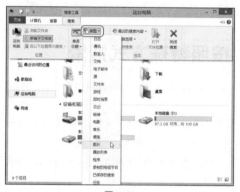

图2-76

❸ 用户还可以叠加搜索，如搜索今天编辑的图片文件，先设置"修改日期"为今天，再设置"类型"为图片，如图2-77所示为设置后搜索的结果，在搜索文本框中显示有设置的搜索条件。

图2-77

技巧30 将搜索结果保存

在搜索条件比较复杂的情况下，搜索是一个很耗费时间的过程。所以，必要时把搜索结果保存起来是个不错的选择，能节省不少时间和精力。

❶ 搜索到结果后，在"搜索工具"→"搜索"界面中单击"保存搜索"选项，如图2-78所示。

图2-78

❷ 打开"另存为"对话框，选择将搜索结果保存的文件夹，并输入保存的"文件名"（使用默认的名称也可），如图2-79所示。

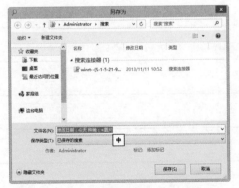

图2-79

❸ 单击"保存"按钮，即可将搜索结果保存到文件下，直接打开即可看到搜索结果。

读书笔记

第 3 章

Windows 8
个性化设置

3.1 主题与外观设置

技巧1 更改桌面主题

　　Windows 8默认的主题不是每个人都喜欢，用户可以通过个性化的设置，自定义操作系统的主题。

　　❶ 在桌面空白处单击鼠标右键，在打开的菜单中选择"个性化"命令，如图3-1所示。

图3-1

　　❷ 打开"个性化"窗口，在"我的主题"栏下，选择一种喜欢的主题，如选择"线条和颜色"，选中后即可预览效果（如图3-2所示），再直接关闭"个性化"窗口即可设置成功。

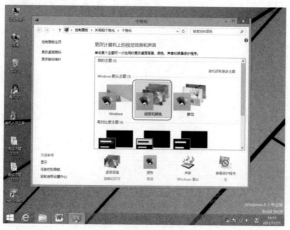

图3-2

　　❸ 更换主题后，桌面背景、窗口颜色等内容都会发生改变。

技巧2 自动更换桌面背景

如果不想更改系统主题，只是想把桌面的背景图片更换掉，可通过下面的方式设置。

1 在桌面空白处单击鼠标右键，在打开的菜单中选择"个性化"命令，打开"个性化"窗口，单击窗口下方的"桌面背景"选项，如图3-3所示。

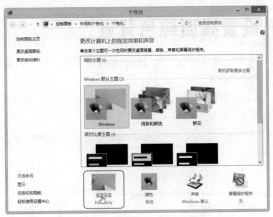

图3-3

2 打开"桌面背景"窗口，选中多张喜欢的图片，然后在"更改图片时间间隔"下拉列表中选择间隔的时间，如图3-4所示。

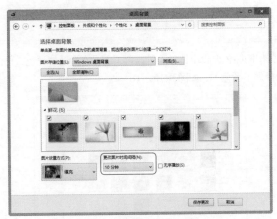

图3-4

3 设置完成后，单击"保存更改"按钮，桌面即被更改，并且按照设置的时间自动替换下一张图片。

提 示

如果用户不想用系统自带的图片，想把自己下载的图片作为背景，可以进行设置。将下载的图片都保存在一个文件夹下，在"桌面背景"窗口中单击"浏览"按钮，打开"浏览文件夹"对话框，选择保存的图片文件夹，单击"确定"按钮，即可将下载的图片添加到"桌面背景"窗口中，然后按照上面的方法进行设置即可。

技巧3 设置桌面纯色背景

若不想将桌面设置为图片，只想将桌面设置蓝色、粉色、紫色等纯色背景，可通过下面方式设置。

❶ 在"桌面背景"窗口中，单击"图片存储位置"下拉按钮，在下拉列表中选择"纯色"选项，如图3-5所示。

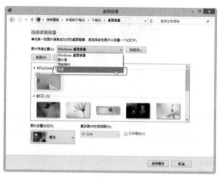

图3-5

❷ 从弹出的颜色面板中选择一种颜色（若没有合适的颜色，单击"其他"链接，可选择更多颜色），如图3-6所示。

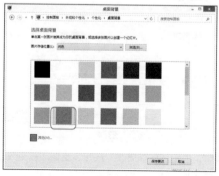

图3-6

❸ 单击"保存更改"按钮，再关闭"个性化"窗口，即可看到设置的效果，如图3-7所示。

图3-7

技巧4 "开始"屏幕程序图标位置调整

"开始"屏幕中的程序图标位置不是一成不变的，用户可根据需要自定义位置，将常用的一些程序图标放置在前面，方便操作。

❶ 选中一个图标并按住鼠标左键不放，将其拖动到所需要排列的位置，如图3-8所示。

图3-8

❷ 拖动到合适的位置后，释放鼠标即可，按照同样的方法调整其他程序图标的位置。

技巧5 重命名组

Windows 8的"开始"屏幕中所有选项都是模块结构。将每个模块重命名，可以方便用户查找。

① 拖动要分组的图标，放在同一个组中，然后单击"开始"屏幕右下角的"-"按钮，缩小整个屏幕中的图标，右键单击需要重命名的组，在弹出的任务栏中单击"命名组"按钮，如图3-9所示。

图3-9

② 在弹出的小窗口的文本框中输入组的名称，如图3-10所示。

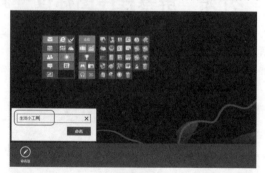

图3-10

③ 单击"命名"按钮，即可将组重命名，再按照同样的方式重命名其他组，命名后的效果如图3-11所示。

图3-11

技巧6　更换锁屏界面

　　在启动Windows 8的时候有一个锁屏界面，通过设置可以将这个锁屏界面更改为喜欢的图片。

　　❶ 将光标移到右上角（或右下角），弹出Charm菜单，单击其中的"设置"按钮，在展开的菜单中选择"更改电脑设置"选项，如图3-12所示。

图3-12

　　❷ 打开"电脑设置"界面，在"个性化设置"选项后即可设置锁屏的界面壁纸，选择一种壁纸即可，如图3-13所示。

图3-13

技巧7　更换"开始"屏幕背景

　　"开始"屏幕的背景也可以通过自定义设置，使画面更美观、个性化。

　　❶ 将光标移到右上角（或右下角），弹出Charm菜单，单击其中的"设

置"按钮，在展开的菜单中选择"更改电脑设置"选项，打开 "电脑设置"界面。

❷ 单击窗口右侧的"开始屏幕"选项，选择一种背景样式，并拖动滑块调整色块，如图3-14所示。

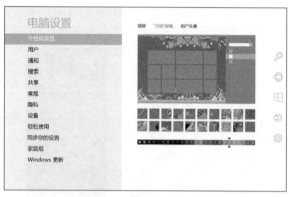

图3-14

❸ 退出"电脑设置"界面，即可看到设置的"开始"屏幕背景，如图3-15所示。

图3-15

3.2 屏幕保护

技巧8 设置个性化屏幕保护程序

屏幕保护程序主要用于保护显示器，当用户离开电脑一段时间后，通过它来防止屏幕长时间显示相同画面，以达到延长使用寿命的目的。

1 在桌面空白处单击鼠标右键，在打开的菜单中选择"个性化"命令，打开"个性化"窗口。

2 单击窗口下方的"屏幕保护程序"选项，打开"屏幕保护程序设置"对话框，单击"屏幕保护程序"下拉按钮，在下拉列表中选择"3D文字"，然后设置"等待"的时间，如图3-16所示。

图3-16

3 单击"设置"按钮，打开"3D文字设置"对话框，在"自定义文字"文本框中输入文字，然后设置文字字体，如图3-17所示。

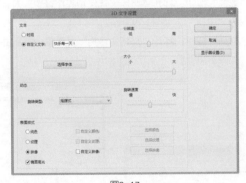

图3-17

4 依次单击"确定"按钮，当不对电脑进行任何操作3分钟后，即可进入屏保状态。

技巧9 设置幻灯片作为屏幕保护程序

除了列表中所提供的屏幕保护程序图案，还可以将自己喜欢的照片等，以幻灯片的方式做成屏幕保护程序。

❶ 首先将需要设置成屏保的图片放置在一个文件夹中。在桌面空白处单击鼠标右键，在弹出的菜单中选择"个性化"命令，打开"个性化"窗口，单击右下角的"屏幕保护程序"图标。

❷ 打开"屏幕保护程序设置"对话框，单击"屏幕保护程序"下拉按钮，在下拉列表中选择"照片"选项，如图3-18所示。

图3-18

❸ 单击"设置"按钮，打开"照片屏幕保护程序设置"对话框，设置"幻灯片放映速度"为"中速"，如图3-19所示。

❹ 单击"浏览"按钮，打开"浏览文件夹"对话框，找到并选中作为屏保的图片文件夹，如图3-20所示。

图3-19

图3-20

❺ 单击"确定"按钮，再单击"保存"按钮，最后单击"确定"按钮即可设置成功。

技巧10 设置电源选项

设置电源选项可以使电脑处于良好的工作状态，如可以设置电源按钮的作用、笔记本电脑关闭盖子时电脑的状态、睡眠时间以及电源计划等。

1 在桌面空白处单击鼠标右键，在打开的菜单中选择"个性化"命令，打开"个性化"窗口。

2 单击窗口下方的"屏幕保护程序"选项，打开"屏幕保护程序设置"对话框，单击对话框下方的"更改电源设置"链接。

3 打开"电源选项"对话框，可以在此对话框中可对电源进行各种设置，如图3-21所示。

图3-21

4 单击左侧的"选择电源按钮的功能"链接，打开"系统设置"对话框，自定义"电源按钮"、"睡眠按钮"和"盖子"的操作，如图3-22所示。

图3-22

⑤ 单击3-22所示图中的"更改当前不可用的设置"链接，"关机设置"中的选项就可以操作了，按照需要进行设置，如图3-23所示。

图3-23

⑥ 单击"保存修改"按钮，返回"电源选项"对话框，单击"平衡"单选按钮，然后单击右侧的"更改计划设置"链接，打开"编辑计划设置"对话框，设置"关闭显示器"和"使计算机进入睡眠状态"的时间，如图3-24所示。

图3-24

⑦ 设置完成后，单击"保存修改"按钮，然后关闭对话框即可。

3.3 窗口与图标

技巧11 更改窗口颜色

系统中窗口的颜色可以根据用户的喜好进行调整。

① 在桌面空白处单击鼠标右键，在打开的菜单中选择"个性化"命令，打开"个性化"窗口。

② 单击窗口下方的"颜色"选项，打开"颜色和外观"窗口，选择一种窗口颜色，然后调整"颜色浓度"，可预览效果，如图3-25所示。

图3-25

③ 单击"保存修改"按钮，即可更改窗口边框和任务栏颜色，如图3-26所示。

图3-26

技巧12 更改窗口大小

① 打开"个性化"窗口，单击窗口左侧的"控制面板主页"链接，如图3-27所示。

② 打开"所有控制面板项"窗口，在"查看方式"下拉列表中选择"小图标"，然后单击"显示"链接，如图3-28所示。

图3-27

图3-28

③ 打开"显示"窗口，单击"中等"单选按钮，如图3-29所示。

图3-29

④ 单击"应用"按钮，弹出提示对话框，如图3-30所示，用户根据实际单击"立即注销"或"稍后注销"按钮。

图3-30

技巧13 自定义桌面图标

桌面上一般会显示"这台电脑"、"网络"、"回收站"等常用图标，用户可以自定义设置其显示或不显示。

① 打开"个性化"窗口，单击窗口左侧的"更改桌面图标"链接，打开"桌面图标设置"对话框。

② 在"桌面图标"栏下选中需要显示图标的复选框，取消选中不需显示的图标，如图3-31所示。

图3-31

③ 单击"确定"按钮，即可看到桌面上没有显示"网络"，显示了"控制面板"，如图3-32所示。

图3-32

技巧14　更改桌面图标

桌面图标可以根据用户的需要进行更改，可以使电脑个性化，而且如果桌面存放的文件比较多，通过个性化图标容易查找。

❶ 打开"个性化"窗口，单击窗口左侧的"更改桌面图标"链接，打开"桌面图标设置"对话框。

❷ 选中需要更改的桌面图标，然后单击"更改图标"按钮，如图3-33所示。

❸ 打开"更改图标"对话框，在列表框中选择一种图标样式，如图3-34所示。

图3-33

图3-34

❹ 依次单击"确定"按钮，最后关闭"个性化"窗口，可看到设置的桌面图标，如图3-35所示。

图3-35

提 示

　　若想还原设置前的图标，只需在"桌面图标设置"对话框中单击"还原默认值"按钮，即可还原为设置前的状态。

3.4　鼠标与键盘

技巧15　更改鼠标指针

　　Windows 8系统为用户提供了很多鼠标指针方案，用户可以根据自己的喜好设置。此外，Internet上提供了很多样式可爱、色彩绚丽的鼠标指针图标（后缀名为ani或cur），用户可以根据自己需要下载。

　　❶ 在桌面空白处单击鼠标右键，在打开的菜单中选择"个性化"命令，在打开的"个性化"窗口中单击"更改鼠标指针"链接。

　　❷ 打开"鼠标属性"对话框，在"指针"选项卡设置不同状态下对应的鼠标图案，如选择"正常选择"，单击"浏览"按钮，如图3-36所示。

图3-36

❸ 打开"浏览"对话框，选择一种鼠标指针，如图3-37所示。

图3-37

❹ 单击"打开"按钮，返回"鼠标属性"对话框，在"自定义"列表框中可看到鼠标指针"正常选择"被改变，如图3-38所示。

图3-38

❺ 单击"确定"按钮，再关闭"个性化"窗口，即可设置成功。

提 示

在"鼠标属性"对话框中单击"使用默认值"按钮，即可将鼠标指针还原为原来状态。

技巧16 **切换鼠标主要和次要按钮**

　　鼠标的左键和右键有不同的功能，但是左键和右键的功能可以功能互换，这样可以给"左撇子"带来方便。

　　❶ 打开"鼠标属性"对话框，单击"鼠标键"标签，选中"切换主要和次要的按钮"复选框，如图3-39所示。

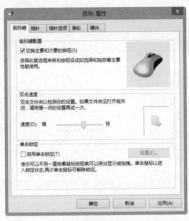

图3-39

　　❷ 单击"确定"按钮，即可切换主要和次要按钮。

技巧17 **设置键盘属性**

　　❶ 打开"个性化"窗口，单击窗口左侧的"控制面板主页"链接，打开"所有控制面板项"窗口，单击"键盘"链接，如图3-40所示。

图3-40

② 打开"键盘属性"对话框，打开"速度"选项卡，设置字符的"重复延迟"和"重复速度"，如图3-41所示。

图3-41

③ 打开"硬件"选项卡，可以看到电脑的键盘属性以及运转情况，如图3-42所示。

图3-42

④ 单击"确定"按钮，即可设置成键盘属性。

第 *4* 章

文件与文件夹管理

4.1 文件与文件夹基本操作

技巧1 文件和文件夹命名规则

文件和文件夹的命名是有一定规则的，不是所有的符号都可以命名文件和文件夹，要遵守如下规则。

❶ 一般情况下，所有的汉字和英文字母都可以作为文件和文件夹的名字或是其中的一部分，有少数特殊的符号和被保留的字母组合不能被用作文件和文件夹名字或是其中一部分。

❷ 不能将文件和文件夹命名为"."或"..",如像..sql 这样的文件名是不正确的。另外，文件和文件夹也不能包含以下字符：井号（#）、百分号（%）、"&"符号、星号（*）、竖线（|）、反斜杠（\）、冒号（:）、双引号（"）、小于号（<）、大于号（>）、问号（?）、斜杠（/）、前导或尾随空格（''），这样的空格将被去除。

技巧2 新建文件与文件夹

文件和文件夹在日常工作中经常会用到，新建文件和文件夹是基本操作之一，具体方法有如下。

1. 方法一

❶ 打开需要创建文件夹的磁盘，在"主页"选项卡中单击"新建文件夹"按钮，如图4-1所示。

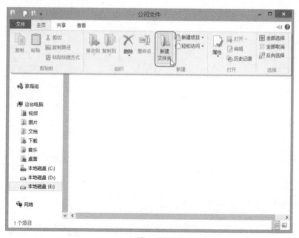

图4-1

❷ 单击后就会新建文件夹，输入文件夹名称，在空白处单击即可创建，如图4-2所示。

图4-2

2. 方法二

❶ 在磁盘空白处单击鼠标右键，在弹出的快捷菜单中选择"新建"→"文件夹"命令，如图4-3所示。

图4-3

❷ 执行命令后即可新建文件夹，输入文件夹名称，在空白处单击即可创建。

技巧3 选择文件与文件夹

文件和文件夹的选择是多种多样的，有选择全部的、选择不连续的、选择

连续的、选择除了其中一个的等，不同的选择有不同的方法，下面具体介绍。

❶ 选择多个连续的文件和文件夹：单击要选择的第一个文件或文件夹后按住Shift键，再单击要选择的最后一个文件或文件夹，则将以所选第一个文件和最后一个文件为对角线的矩形区域内的文件或文件夹全部选定，如图4-4所示。

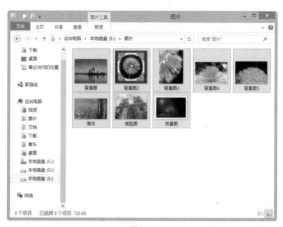

图4-4

❷ 选择不连续的文件和文件夹：首先单击要选择的第一个文件或文件夹，然后按住Ctrl键，再依次单击其他要选定的文件或文件夹，即可将这些不连续的文件选中，如图4-5所示。

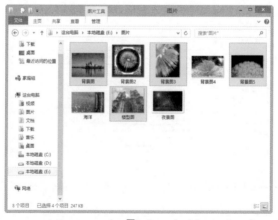

图4-5

❸ 选择全部文件和文件夹：按Ctrl+A快捷键，或在"主页"选项卡的"选择"组中单击"全部选择"按钮，即可全选，如图4-6所示。

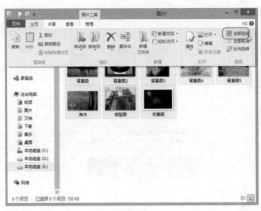

图4-6

④ 反向选择：如选择除"夜景图"文件以外的其他文件和文件夹，首先选择"夜景图"文件，然后在"主页"选项卡的"选择"组中单击"反向选择"按钮，即可选择除"夜景图"文件以外的其他文件和文件夹，如图4-7所示。

图4-7

> **提 示**
>
> 除了上述方法外，直接用鼠标拖动选择也是比较常用的，这适合选择连续的文件和文件夹。

技巧4 复制文件与文件夹

复制的方法较多，用户根据自己的习惯选择使用。

1. 常用的复制、粘贴方法

❶ 选择需要复制的文件或文件夹，按Ctrl+C快捷键或单击"主页"选项卡"剪贴板"组的"复制"按钮，执行复制操作，如图4-8所示。

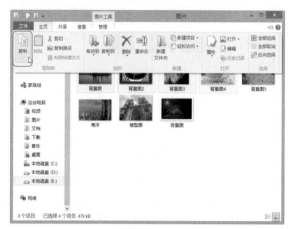

图4-8

❷ 切换到要粘贴文件或文件夹的磁盘或文件夹下，按Ctrl+V快捷键或在"主页"选项卡中单击"粘贴"按钮即可。

2. 利用"复制到"按钮操作

❶ 选择需要复制的文件或文件夹，单击"主页"选项卡"组织"组中的"复制到"下拉按钮，在展开的下拉菜单中选择"选择位置"命令，如图4-9所示。

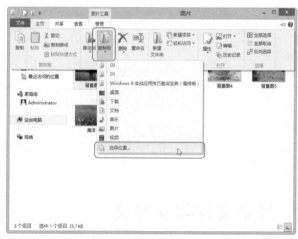

图4-9

② 打开"复制项目"对话框，选择复制到的位置，如"文档"，如图4-10所示。

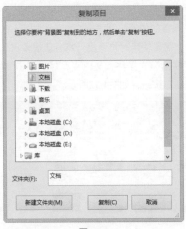

图4-10

③ 单击"复制"按钮，即可将选择的文件和文件夹复制到相应的位置，如图4-11所示。

图4-11

3. 鼠标拖动的方法

① 选定要复制的文件或文件夹，然后同时打开目标文件夹。

② 按住Ctrl键的同时，把所选内容使用鼠标左键（按住鼠标左键不放）拖动到目标文件夹（即复制后文件所在的文件夹）即可。

技巧5 复制文件和文件夹路径

　　用户在办公和学习时经常会创建许多文件和文件夹，如果长时间未访问，会忘记文件和文件夹保存的位置。建立一个Word文档，将所有使用的文件和文件夹路径保存在其中，需要使用时再查找，将方便很多。

　　① 选择需要复制路径的文件和文件夹，然后单击"主页"选项卡"剪贴板"组中的"复制路径"按钮，如图4-12所示。

图4-12

　　② 新建"资料路径"Word文档，按Ctrl+V快捷键进行粘贴，如图4-13所示，即可在文档中查找资料路径。

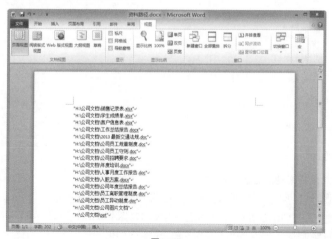

图4-13

技巧6 删除文件与文件夹

当文件或文件夹不再需要使用时，即可将其删除，可以节省磁盘空间。

① 普通删除方法：选择需要删除的文件或文件夹，按Delete键，或单击鼠标右键，在弹出的快捷菜单中选择"删除"命令，弹出提示对话框，如图4-14所示，单击"是"按钮即可。

图4-14

② 利用"删除"按钮删除：选择需要删除的文件，在"主页"选项卡的"组织"组中单击"删除"下拉按钮，在下拉列表中选择"回收"命令（如图4-15所示），弹出如图4-14所示的提示对话框，单击"是"按钮，即可将删除的项目放入回收站中。

图4-15

③ 彻底删除不需要的文件或文件夹：顾名思义，彻底删除就是将文件或文件夹彻底从电脑中删除，删除后文件或文件夹不被移动到回收站，所以也不能还原。确认文件彻底不需要了，可以将其彻底删除。

选择要删除的文件或文件夹，按Shift+Delete快捷键，或在"主页"选项卡的"组织"组中单击"删除"下拉按钮，在下拉列表中选择"永久删除"命令，如图4-16所示。弹出提示对话框，如图4-17所示，单击"是"按钮，即可永久删除。

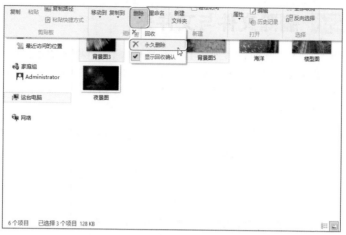

图4-16

图4-17

技巧7 移动文件与文件夹

1. 通过快捷键或菜单命令

❶ 选定要移动的文件或文件夹，右键单击需要剪切的文件或文件夹，在弹出的快捷菜单中选择"剪切"命令，也可按Ctrl+X快捷键进行剪切。

❷ 打开目标文件夹（即移动后文件所在的文件夹），在空白处单击鼠标右键，在弹出的快捷菜单中选择"粘贴"命令，也可以按Ctrl+V快捷键进行粘贴。

2. 通过"移动到"按钮移动

❶ 选定要移动的文件或文件夹，在"主页"选项卡的"组织"组中单击"移动到"下拉按钮，在下拉列表中选择需移动到的位置，如"桌面"，如图4-18所示。

❷ 执行命令后，即可将选择的文件或文件夹，由所在的位置移动到桌面上，如图4-19所示。

3. 鼠标拖动的方法

选择要移动的文件或文件夹，按住Shift键的同时，把所选内容使用鼠标左键（按住鼠标左键不放）拖动到目标文件夹（即移动后文件所在的文件夹）即可。

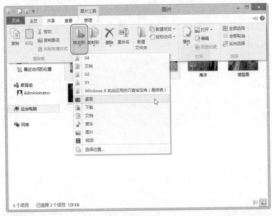

图4-18

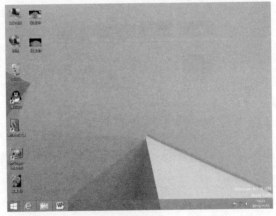

图4-19

技巧8　重命名文件与文件夹

❶ 在需要重命名的文件或文件夹上单击鼠标右键，在弹出的快捷菜单中选择"重命名"命令，或选择需重命名的文件或文件夹，单击"组织"组中的"重命名"按钮，如图4-20所示。

❷ 执行命令后，文件或文件夹名称为可编辑状态，输入正确的名称，按Enter键即可，如图4-21所示。

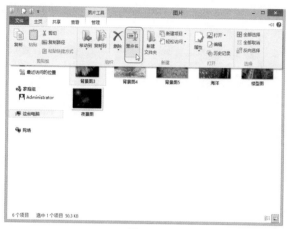

图4-20

图4-21

技巧9 批量重命名文件和文件夹

批量重命名一般针对同一类型文件的不同部分，重命名的名称是一样的，只是添加了不同的序号。

❶ 同时选中需要重命名的文件或文件夹，然后单击"组织"组中的"重命名"按钮，如图4-22所示。

❷ 输入统一的文件名后，按Enter键，即可同时将选择的文件命名，并自动排序，如图4-23所示。

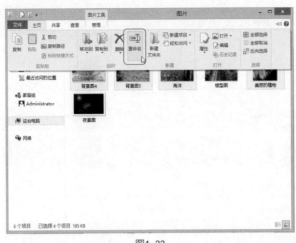

图4-22

图4-23

4.2　隐藏、显示与查看文件和文件夹

技巧10　隐藏文件和文件夹

当有些文件或文件夹比较重要，不想被别人看到时，可以将其隐藏起来。

❶ 选择需要隐藏的文件或文件夹，在"主页"选项卡的"打开"组中单击"属性"下拉按钮，在弹出的下拉列表中选择"属性"命令，如图4-24所示。

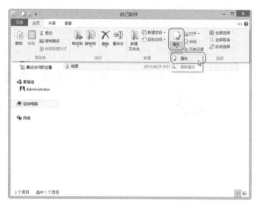

图4-24

② 打开其属性对话框，在"常规"选项卡中选中"隐藏"复选框，如图4-25所示。

③ 单击"确定"按钮，即可将选择的文件或文件夹隐藏起来，如图4-26所示。

图4-25

图4-26

技巧11 显示文件和文件夹

1 打开隐藏了文件的文件夹，在"查看"选项卡的"显示/隐藏"组中选中"隐藏的项目"复选框，即可看到隐藏的文件，如图4-27所示。

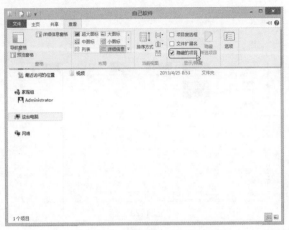

图4-27

2 选中隐藏的文件，在"主页"选项卡的"打开"组中单击"属性"下拉按钮，在弹出的下拉列表中选择"属性"命令，打开其属性对话框，取消选中"隐藏"复选框，如图4-28所示。

3 单击"确定"按钮，即可将隐藏项目显示出来。

图4-28

技巧12 显示或隐藏文件扩展名

❶ 在"查看"选项卡的"显示/隐藏"组中选中"文件扩展名"复选框，如图4-29所示，即可显示文件扩展名。

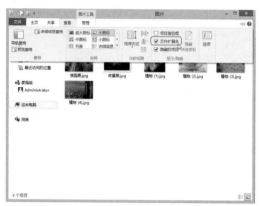

图4-29

❷ 取消选中"文件扩展名"复选框，即可隐藏文件扩展名，如图4-30所示。

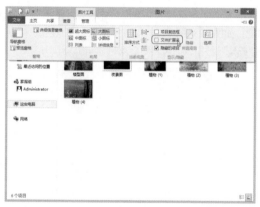

图4-30

技巧13 查看各种文件属性

❶ 选择需查看属性的文件，在"主页"选项卡的"打开"组中单击"属性"下拉按钮，在弹出的下拉列表中选择"属性"命令，打开其属性对话框。

② 在"常规"选项卡中可看到文件的大小、位置、创建时间、修改时间等属性，如图4-31所示。

③ 切换到"详细信息"选项卡，可看到更多的属性，如Word文件的字数、行数、是否应用模板等，如图4-32所示。

图4-31

图4-32

 提 示

打开不同文件，其属性对话框显示内容就不同，如打开Excel文件，其属性对话框就没有"自定义"选项卡，在"详细信息"选项卡中也没有这么多内容。

技巧14 分组文件与文件夹

一般一个文件夹中的文件和文件夹都是统一放置在其中，可能根据类型、大小、名称等有不同的排列顺序。通过分组，可以将文件和文件夹以名称、类型、日期等方式分组，具体操作如下。

① 在"查看"选项卡的"当前视图"组中单击"分组依据"下拉按钮，在下拉列表中选择分组依据，如"类型"，如图4-33所示。

② 按类型分组后的效果如图4-34所示，可看到不同类型的文件被放到同一组。

③ 若要按照大小进行分组，如图4-35所示，将按"未指定"、"大"、"中"、"小"4个组进行分组。

图4-33

图4-34

图4-35

提　示

如果不需要分组了，在"分组依据"下拉列表中选择"无"命令，即可取消分组。

技巧15　为文件和文件夹添加复选框

除了系统自带的一些复选框项目，还可以为文件或文件夹添加项目复选框，通过复选框也可以选择文件或文件夹。

1. 方法一

❶ 在"查看"选项卡的"显示/隐藏"组中选中"项目复选框"复选框，将鼠标放置在文件或文件夹上，即可显示复选框，如图4-36所示。

图4-36

❷ 在复选框内单击即可选中，再按照同样的方式选中其他文件或文件夹，如图4-37所示。

图4-37

第1章

第2章

第3章

第4章

第5章

2. 方法二

① 在"查看"选项卡中单击"选项"按钮，打开"文件夹选项"对话框。

② 打开"查看"选项卡，在"高级设置"列表框中选中"使用复选框以选择项"，如图4-38所示。

③ 单击"确定"按钮，再利用复选框可选择多个文件或文件夹。

图4-38

4.3 压缩与解压文件和文件夹

技巧16 压缩文件和文件夹

有的文件和文件夹比较大，传输比较慢，通过压缩可以提高传输速率。

① 选择需压缩的文件或文件夹，在"共享"选项卡的"发送"组中单击"压缩"按钮，如图4-39所示。

② 单击后，即可自动压缩文件夹，输入名称，压缩后的效果如图4-40所示。

图4-39

图4-40

提　示

在需要压缩的文件或文件夹上单击鼠标右键，在弹出的快捷菜单中选择"添加到压缩文件"、"添加到'***.rar'"等命令，也可将其压缩。

技巧17　解压文件和文件夹

❶ 在需要解压的文件上单击鼠标右键，弹出快捷菜单，如图4-41所示。

图4-41

❷ 可以看出有3种解压方式，若选择"解压文件"命令，会弹出"解压路径和选项"对话框，选择解压到的位置，如图4-42所示，单击"确定"按钮，即可按照设置进行解压。

图4-42

③ 若选择"解压到当前文件夹"命令，就会解压到所在的文件夹，并且显示为"新建文件夹"名称，如图4-43所示。

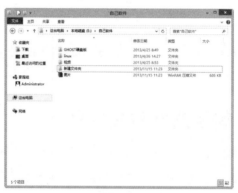

图4-43

④ 若选择"解压到 图片"命令，就会解压到当前文件夹，并且显示与压缩文件相同的名称，如图4-44所示。

图4-44

4.4　共享文件和文件夹

技巧18　共享文件和文件夹

通过共享文件夹，可以和局域网内的用户分享自己的资源，给其他用户带来方便。

❶ 选中需要共享的文件或文件夹，在"共享"选项卡中单击"特定用户"按钮，如图4-45所示。

图4-45

❷ 打开"文件共享"对话框，在列表中选择共享的用户，如图4-46所示。

图4-46

❸ 单击"共享"按钮，在弹出的对话框中提示"你的文件夹已共享"，如图4-47所示。

❹ 单击"完成"按钮，即可将文件夹共享。

图4-47

技巧19 停止文件和文件夹共享

① 选中需要取消共享的文件夹，在"共享"选项卡的"共享"组中单击"停止共享"按钮，如图4-48所示。

② 单击后，即可取消文件夹共享。

图4-48

4.5 管理回收站

技巧20 直接清空回收站文件

回收站主要用来存放用户临时删除的文档资料，存放在回收站的文件可以恢复，用好和管理好回收站可以更加方便日常的文档维护工作。

1. 方法一：利用右键菜单

❶ 在桌面"回收站"上单击鼠标右键，从弹出的快捷菜单中选择"清空回收站"命令，如图4-49所示。

图4-49

❷ 执行命令后，弹出提示对话框，如图4-50所示，单击"是"按钮，即可将回收站清空。

图4-50

2. 方法二：利用按钮

打开"回收站"窗口，在"回收站工具"下的"管理"选项卡"管理"组中单击"清空回收站"按钮，如图4-51所示，即可清空回收站，如图4-52所示。

图4-51

图4-52

技巧21 还原回收站中的文件

如果回收站中的内容还需要再使用，可以将回收站的文件或文件夹还原到原来的地方。

① 选中需要还原的文件或文件夹，然后在"回收站工具"下的"管理"选项卡"还原"组中单击"还原选定的项目"按钮，如图4-53所示，即可将选定的文件还原到原来的位置。

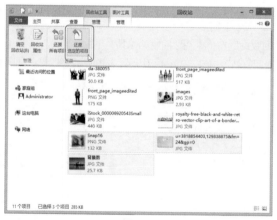

图4-53

② 在"还原"组中单击"还原所有项目"按钮（如图4-54所示），即可还原回收站的所有文件和文件夹。

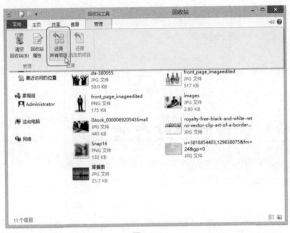

图4-54

技巧22 删除回收站中的文件

如果不想清空回收站直接删除所有的项目，而只是想删除其中的几项，可以通过以下删除操作。

1 选中需要删除的文件或文件夹，单击鼠标右键，在弹出的快捷菜单中选择"删除"命令，如图4-55所示。

图4-55

2 执行命令后，弹出提示对话框，如图4-56所示，单击"是"按钮，即可删除选中的项目。

图4-56

技巧23 设置回收站存放空间

回收站的存放空间不是固定不变的，可以自定义设置。

❶ 在"回收站工具"下的"管理"选项卡"管理"组中单击"回收站属性"按钮。

❷ 打开"回收站属性"对话框，选择第一个磁盘，然后在"最大值"文本框中输入回收站存放的空间，如图4-57所示。

❸ 再选择第二个磁盘，设置其存放的空间，如图4-58所示。按照同样的方法设置回收站存放其他磁盘文件的空间。

图4-57

图4-58

❹ 设置完成后，单击"确定"按钮即可。

提 示

在"回收站属性"对话框中，取消选中"显示删除确认对话框"复选框，在删除文件或文件夹时，将不弹出提示对话框。但是一般不推荐这种设置，防止手误错删一些文件或文件夹。

第 5 章

输入法和字体

在默认情况下，Windows 8系统提供的键盘语言有中文、英语、日语、朝鲜语，以及其他国家的语言，而默认的输入法有中文（简体）–美式键盘、微软拼音简捷等。输入法是指将常见的文本、数字、符号等输入计算机的方法。

5.1　输入法安装与卸载

技巧1　添加输入法

为了满足用户的需要，需要添加搜狗拼音输入法，可以通过下面的介绍来实现。

❶ 单击语言栏中的输入法按钮，在弹出的下拉列表中选择"语言首选项"命令。

❷ 打开"语言"窗口，在"更改语言首选项"栏单击"中文"语言右侧的"选项"链接，如图5-1所示。

图5-1

❸ 进入"语言选项"窗口，在"输入法"栏下单击"添加输入法"链接，如图5-2所示。

图5-2

④ 进入"输入法"窗口，单击需要添加的输入法，这里选择"搜狗拼音输入法"，单击"添加"按钮，如图5-3所示。

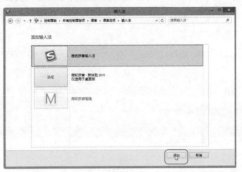

图5-3

⑤ 返回"语言选项"窗口，即可看到"搜狗拼音输入法"添加到了"输入法"栏下，单击"保存"按钮，如图5-4所示。

图5-4

⑥ 返回到"语言"窗口，即可看到中文输入法中添加了"搜狗拼音输入法"，如图5-5所示。

图5-5

技巧2 删除输入法

Windows 8系统已经默认安装了全新的微软拼音简捷输入法，如果用户不需要，可以通过下面介绍将其删除。

❶ 单击语言栏中的输入法按钮，在弹出的下拉列表中选择"语言首选项"命令。

❷ 打开"语言"窗口，在"更改语言首选项"栏下单击"中文"语言右侧的"选项"链接，如图5-6所示。

图5-6

❸ 进入"语言选项"窗口，在"输入法"栏下查看需要删除的输入法，接着在右侧单击"删除"链接，如图5-7所示。

图5-7

❹ 单击"保存"按钮，即可删除"微软拼音简捷"输入法，如图5-8所示。

图5-8

技巧3 安装第三方输入法

第三方输入法很多，如搜狗输入法、百度输入法、必应输入法等，如果用户需要安装第三方输入法，可以进入对应的官方网站中下载，再根据安装向导安装（这里以搜狗输入法为例）。

❶ 打开下载的搜狗输入法安装程序的文件夹窗口，双击输入法安装程序，如图5-9所示。

图5-9

❷ 打开安装界面，如图5-10所示，单击"快速安装"按钮。

图5-10

③ 显示安装进度，如图5-11所示。

图5-11

④ 选择是否安装搜狗浏览器，这里推荐不安装，单击"下一步"按钮，如图5-12所示。

图5-12

⑤ 进入"安装完成"界面，提示能立即进行的操作，取消勾选这些选项，单击"完成"按钮即可，如图5-13所示。

⑥ 完成输入法的安装后，用户可以看到语言栏中显示有搜狗输入法的标志，如图5-14所示。

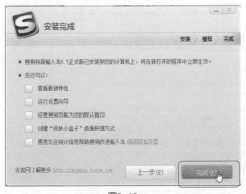

图5-13

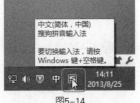

图5-14

技巧4 卸载第三方输入法

当用户不需要使用第三方输入法时，可以使用卸载程序进行卸载，或者通过"程序和功能"窗口中的"卸载/更改"按钮来卸载（这里以搜狐输入法为例）。

① 打开"控制面板"窗口，单击"卸载程序"链接，如图5-15所示。

图5-15

② 进入"程序和功能"窗口，在列表中选择要卸载的输入法，单击"卸载/更改"链接，如图5-16所示。

图5-16

3 即可弹出程序卸载向导,单击"下一步"按钮,如图5-17所示。

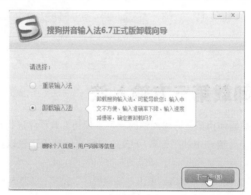

图5-17

4 进入"卸载反馈"界面,单击"卸载"按钮,如图5-18所示。

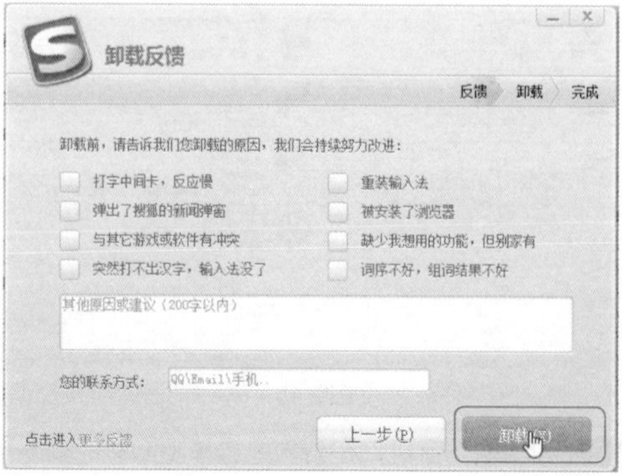

图5-18

⑤ 进入"正在卸载"界面，显示卸载进度，如图5-19所示。

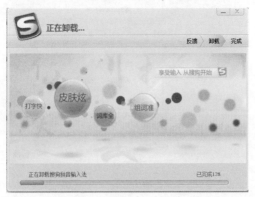

图5-19

⑥ 进入"卸载完成"界面，单击"完成"按钮，即可完成输入法的卸载操作，如图5-20所示。

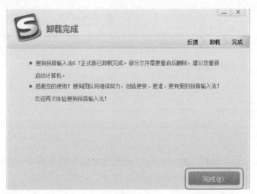

图5-20

5.2　语言栏设置

技巧5　调整语言栏位置

在Windows 8系统中，语言栏默认位于任务栏通知区域中，并不是固定不变的，用户可以根据需要将其在桌面上进行拖动和调整，如果用户需要将语言栏移至桌面任意位置，可以通过下面介绍来实现。

① 单击语言栏中的输入法按钮，在弹出的下拉列表中单击"语言首选项"按钮，如图5-21所示。

图5-21

② 打开"语言"窗口，单击左侧列表中的"高级设置"链接，如图5-22所示。

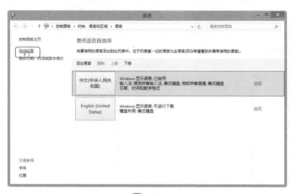

图5-22

③ 打开"高级设置"窗口，在"切换输入法"栏下选中"使用桌面语言栏
（可用时）"复选框，如图5-23所示。

图5-23

④ 设置完成后，单击"保存"按钮，返回到桌面，可以看到语言栏从通知区域移出，用户可以在桌面上拖动语言栏调整其显示位置，如图5-24所示。

图5-24

技巧6 通过语言栏选择输入法

用户可以根据需要通过鼠标单击语言栏中的"输入法"按钮来选择合适的输入法。

单击语言栏中的输入法按钮，在弹出的下拉列表中选择适合的输入法选项，如图5-25所示。

图5-25

技巧7 更改语言栏热键

① 单击语言栏中的输入法按钮，在弹出的下拉列表中单击"语言首选项"按钮。

② 打开"语言"窗口，单击左侧列表中的"高级设置"链接，如图5-26所示。

图5-26

③ 打开"高级设置"对话框，在"切换输入法"栏下单击"更改语言栏热键"链接，如图5-27所示。

图5-27

④ 打开"文本服务和输入语言"对话框，在"输入语言的热键"列表中选择"在输入语言之间"，单击"更改按键顺序"按钮，如图5-28所示。

⑤ 打开"更改按键顺序"对话框，将输入法切换热键更换为常用的Ctrl+Shift，单击"确定"按钮保存，如图5-29所示。

图5-28

图5-29

5.3 Windows语音识别输入

技巧8 启动语音识别

要使用Windows语音识别来实现计算机的操作，首选要启动Windows语音识别功能，可以通过下面介绍来操作。

① 打开"控制面板"窗口，单击"查看方式"下拉按钮，在展开的下拉列表中选择"大图标"选项，如图5-30所示。

图5-30

② 打开"所有控制面板项"窗口，单击"语音识别"链接，如图5-31所示。

图5-31

③ 打开"语音识别"窗口，单击"启动语音识别"链接，如图5-32所示。

图5-32

④ 弹出"设置语音识别"对话框，进入"欢迎使用语音识别"界面，其对语音识别进行了简单的介绍，如图5-33所示。

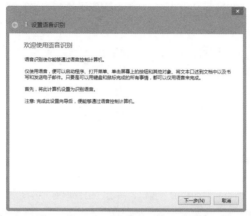

图5-33

⑤ 单击"下一步"按钮，进入"麦克风（Realtek High Definition Audio设备）是什么类型的麦克风"界面，单击"头戴式麦克风"单选按钮，如图5-34所示。

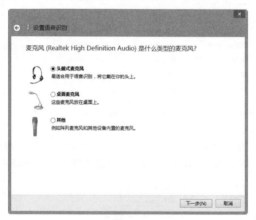

图5-34

⑥ 单击"下一步"按钮，进入"设置麦克风"界面，提示正确的麦克风设置方式，如图5-35所示。

⑦ 单击"下一步"按钮，进入"调整麦克风（Realtek High Definition Audio设备）的音量"界面，调整说话声音的音量，如图5-36所示。

⑧ 单击"下一步"按钮，进入"现在已设置好你的麦克风"界面，确认准备就绪后单击"下一步"按钮，如图5-37所示。

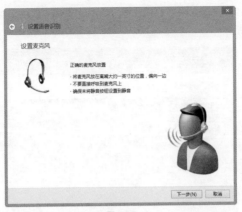

图5-35

图5-36

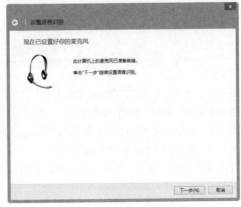

图5-37

⑨ 进入"改进语音识别的精确度"界面，单击"启用文档审阅"单选按钮，如图5-38所示。

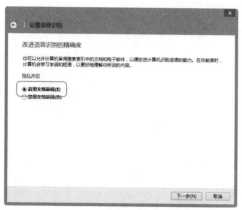

图5-38

⑩ 单击"下一步"按钮，进入"选择激活模式"界面，单击"使用手动激活模式"单选按钮，如图5-39所示。

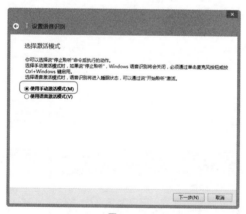

图5-39

⑪ 单击"下一步"按钮，进入"打印语音参考卡片"界面，若要查看语音参考卡，单击"查看参考表"按钮，如图5-40所示。

⑫ 单击"下一步"按钮，进入"每次启动计算机时运行语音识别"界面，勾选"启动时运行语音识别"复选框，如图5-41所示。

⑬ 单击"下一步"按钮，进入"现在可以通过语音来控制此计算机"界面，可以选择开始学习教程以学习如何使用语音识别的操作，或是跳过教程，如图5-42所示。

图5-40

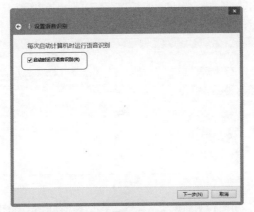

图5-41

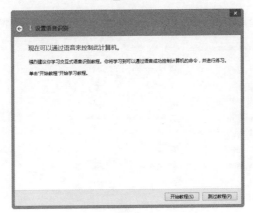

图5-42

⑭ 这里单击"跳过教程"按钮，将自动启动Windows语音识别程序，启动完成后如图5-43所示。

图5-43

技巧9 设置桌面麦克风

启动语音识别后，为了保证能够正常使用语音识别功能，可以通过下面介绍来设置桌面麦克风。

❶ 打开"控制面板"窗口，单击"查看方式"下拉按钮，在展开的下拉列表中选择"大图标"选项，如图5-44所示。

图5-44

❷ 打开"所有控制面板项"窗口，单击"语音识别"链接，如图5-45所示。

图5-45

③ 打开"语音识别"窗口，单击"设置麦克风"链接，如图5-46所示。

图5-46

④ 打开"麦克风设置向导"窗口，进入"麦克风（Realtek High Definition Audio设备）是什么类型的麦克风"界面，单击"桌面麦克风"单选按钮，如图5-47所示。

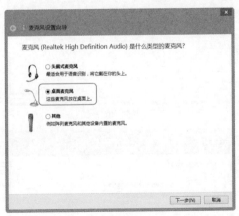

图5-47

⑤ 单击"下一步"按钮，进入"设置麦克风"界面，提示正确的麦克风设置方式，如图5-48所示。

⑥ 单击"下一步"按钮，进入"调整麦克风（Realtek High Definition Audio设备）的音量"界面，调整说话声音的音量，如图5-49所示。

⑦ 单击"下一步"按钮，进入"现在已设置好你的麦克风"界面，确认准备就绪后单击"完成"按钮，如图5-50所示。

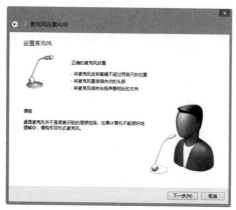

图5-48

图5-49

图5-50

⑧ 进入"改进语音识别的精确度"界面，单击"启用文档审阅"单选按钮，如图5-51所示。

图5-51

技巧10 使用语音来录入文本

当启动与设置好输入麦克风后，就可以使用语音来录入文本了。

① 运行录入文本的程序，如Word、记事本等，这里以Word为例，如图5-52所示。

图5-52

② 在"所有控制面板项"窗口中，单击"语音识别"链接，打开"语音识别"窗口，单击"启动语音识别"链接（如图5-53所示），即可在当前窗口中显示"语音识别"界面，如图5-54所示。

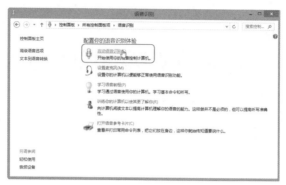

图5-53

图5-54

③ 在"语音识别"界面中，单击左侧的◎按钮，即可启动语音识别的录音功能，如图5-55所示。

图5-55

④ 对着设置好的麦克风，说出要录入的话，语音识别功能会自动转化为文字录入在Word中，如图5-56所示。

图5-56

⑤ 如果语音录入保持高标准的文本录入，用户可以继续；反之，用户可以关闭语音识别功能，做好准备后重新语音录入。

提 示

在语音输入过程中，尽量要保持说话的语速及发音标准，这样才能高效率地录入文本。也可以在语音录入文本前先使用语音识别自带的"训练你的计算机以使其更了解你"来先测试自己的说话，关于该功能的讲解可以参考技巧12。

技巧11 通过系统自带的语音教程来深入学习

为了熟练使用Windows语音识别功能，可以通过学习语音教程来实现。

① 在"所有控制面板项"窗口中，单击"语音识别"链接，打开"语音识别"窗口，单击"学习语音教程"链接，如图5-57所示。

② 进入"语音识别教程"界面，可以了解学习语音识别教程的目的以及学习过程，单击"下一步"按钮，如图5-58所示。

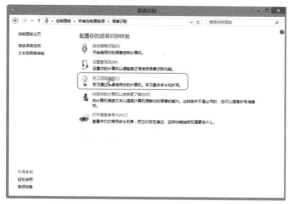

图5-57

图5-58

③ 进入"基础"界面（如图5-59所示），从此处开始学习"语音识别"的基础教程。在基础教程中，主要学习"语音识别"的打开与关闭、音频混音器、反馈、语音选项、关闭并隐藏、摘要等内容。

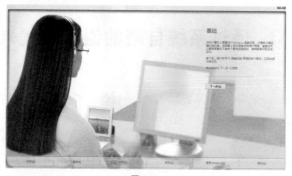

图5-59

④ 单击"下一步"按钮，进入"打开/关闭"界面（如图5-60所示）。在本界面中，学习"语音识别"的打开与关闭操作。

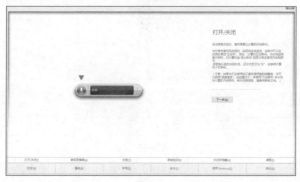

图5-60

⑤ 单击"下一步"按钮，进入"音频混音器"界面（如图5-61所示）。在本界面中，学习"语音识别"的音频混音器操作。

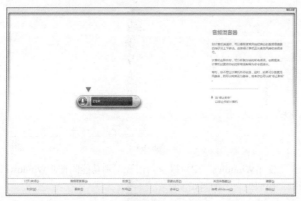

图5-61

⑥ 至于"基础"下的反馈、语音选项、关闭并隐藏和摘要内容的学习，用户可以通过界面下面的标签依次进入学习，如图5-62所示。

打开/关闭(I)	音频混音器(A)	反馈(I)	语音选项(P)	关闭并隐藏(H)	摘要(S)
欢迎(W)	基础(B)	听写(D)	命令(C)	使用 Windows(S)	结论(U)

图5-62

⑦ 接着用户可以通过界面下的标签来学习"语音识别"功能的"听写"、"命令"、"使用Windows"、"结论"的相关内容。如在"听写"中可以学习语音录入时的更正错误、听写信件、导航、受限听写、摘要内容，如图5-63所示。

第1章

第2章

第3章

第4章

第5章

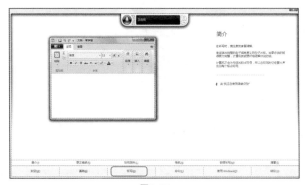

图5-63

8 在"命令"中可以学习语音识别功能的说出你所见、单击你所见、桌面交互、显示编号、摘要内容，如图5-64所示。

图5-64

9 在"使用Windows"中可以学习语音识别功能的控制Windows、表单、切换、启动、摘要内容，如图5-65所示。

图5-65

⑩ 在"结论"中可以学习语音识别功能的命令、听写和我能说什么内容，如图5-66所示。

图5-66

技巧12 让计算机能高效识别自己的语音

为了提高听写准确性，可以通过设置语音识别语音训练来让计算机能高效识别自己的语音。

① 在"所有控制面板项"窗口中，单击"语音识别"链接，打开"语音识别"窗口，单击"训练你的计算机以使其更了解你"链接，如图5-67所示。

图5-67

② 打开"语音识别语音训练"窗口，进入"欢迎使用语音识别声音训练"界面，单击"下一步"按钮，如图5-68所示。

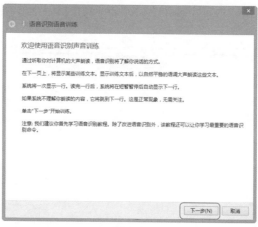

图5-68

③ 进入"训练文本"界面，在"请大声朗读下列文本"列表框显示了朗读的内容，用户对着麦克风大声朗读"我正在对计算机说话"，如图5-69所示。

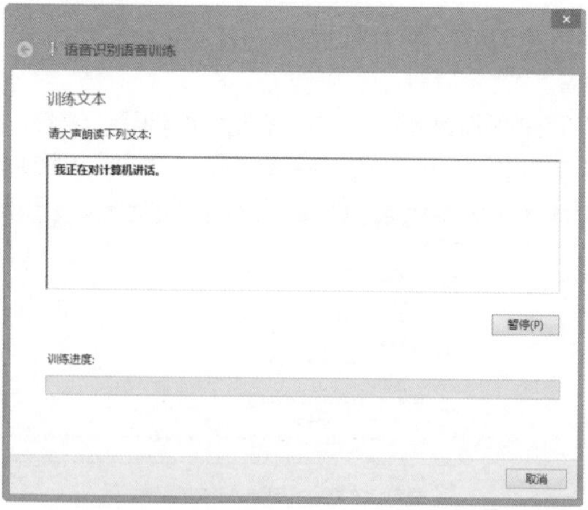

图5-69

④ 语音识别系统正确识别后，继续在"请大声朗读下列文本"列表框中显示新朗读的内容，如"计算机正在了解我说话的声音"，如图5-70所示。

⑤ 接下来语音识别系统会继续识别，并不断地显示读的朗读内容（如图5-71所示），如果用户需要暂停，可以单击"暂停"按钮。此时"暂停"按钮会变为"继续"按钮。继续时，可以单击"继续"按钮即可。

⑥ 如果用户不需要进行语言识别训练，可以单击"取消"按钮即可。

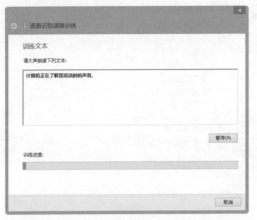

图5-70

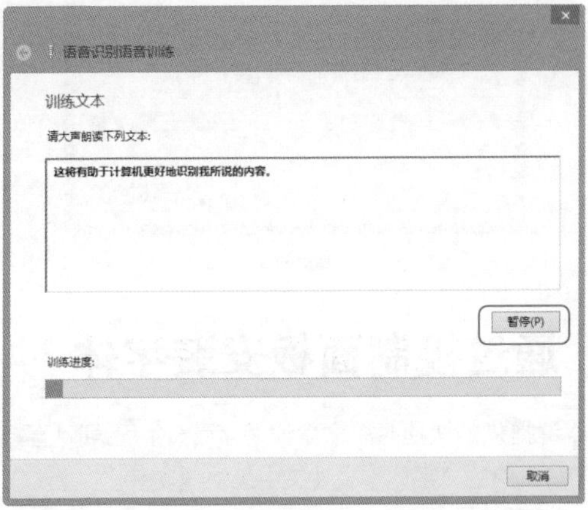

图5-71

5.4　字体安装与设置

技巧13　使用右键快捷菜单安装字体

　　Windows 8系统中自带的字体如果不能满足用户的要求，可以从网站中下载字体安装到Windows 8系统中，在下载字体后，可以通过右键快捷菜单来安装字体。

　　❶ 打开下载的字体安装程序的文件夹窗口，右击要安装的字体，在弹出的快捷菜单中选择"安装"命令，如图5-72所示。

图5-72

②弹出"正在安装字体"对话框，并显示字体的安装进度，如图5-73所示。

图5-73

技巧14 通过控制面板安装字体

除了使用右键提供的快捷菜单命令安装字体外，还可以直接将字体文件拖到"控制面板"窗口中的"字体"文件夹中来快速安装。

①打开"控制面板"窗口，单击"查看方式"下拉按钮，在展开的下拉列表中选择"大图标"选项，如图5-74所示。

图5-74

②打开"所有控制面板项"窗口,单击"字体"链接,如图5-75所示。

图5-75

③打开"字体"窗口。选中字体文件,按住鼠标左键将其拖至"字体"窗口中,再释放鼠标左键,如图5-76所示。

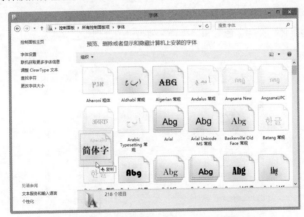

图5-76

④弹出"正在安装字体"对话框,并显示字体的安装进度,如图5-77示。

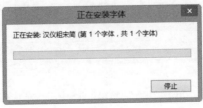

图5-77

技巧15 设置字体格式

安装字体后，用户可以根据需要使用该字体装扮文本字符。

1 打开Word文档，输入文字并选中，在"开始"选项卡下"字体"组中单击 按钮，如图5-78所示。

图5-78

2 打开"字体"对话框，单击"字体"标签，在"中文字体"列表框中选择所需的字体，在"字形"和"字号"列表框中分别设置字形和大小，如图5-79所示。

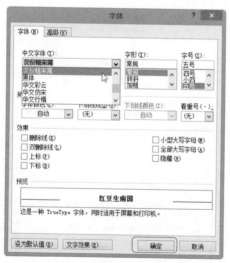

图5-79

3 设置完成后，单击"确定"按钮，此时所选文本应用了所定的字体，如图5-80所示。

图5-80

技巧16　查看和打印字体示例

用户如果希望查看字体的使用效果，可以打开字体的预览窗口，其中显示了字体名称及应用该字体后的各种示例效果。

❶ 打开"控制面板"窗口，单击"查看方式"下拉按钮，在展开的下拉列表中单击"大图标"选项。

❷ 打开"所有控制面板项"窗口，单击"字体"链接，打开"字体"窗口，右击需要查看的字体，在弹出的快捷菜单中选择"预览"命令，如图5-81所示。

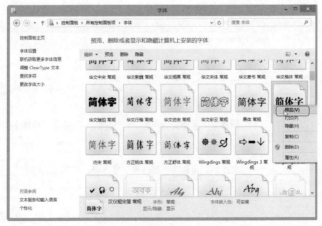

图5-81

❸ 弹出对话框，显示了字体名称以及应用字体的效果，若要输出字体示例，单击"打印"按钮，如图5-82所示。

图5-82

技巧17 调整Clear Type文本

调整Clear Type文本，可以让系统的字体显示得更加清晰和美观，但是每次重启电脑后又会恢复到初始状态。可以通过下面介绍来调整Clear Type文本。

① 打开"控制面板"窗口，单击"查看方式"下拉按钮，在展开的下拉列表中选择"大图标"选项。

② 打开"所有控制面板项"窗口，单击"字体"链接，打开"字体"窗口，在左侧单击"调整Clear Type文本"链接，如图5-83所示。

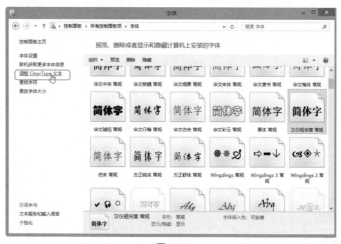

图5-83

3 打开"Clear Type文本调谐器"窗口，勾选"启用Clear Type"复选框，如图5-84所示。

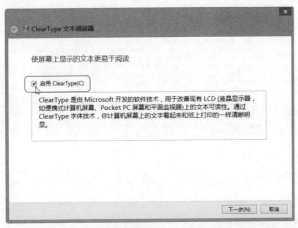

图5-84

4 连续单击"下一步"按钮，进入"单击您看起来最清楚的文本示例（5-1）"界面，可以单击看起来清晰的示例选项，如图5-85所示。

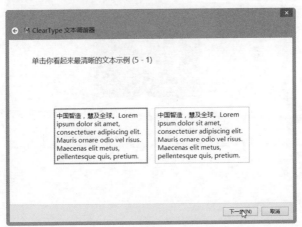

图5-85

5 接着连续单击"下一步"按钮，进入"单击您看起来最清楚的文本示例（5-5）"界面，可以从显示的界面中选择其他最清晰的文本示例选项，如图5-86所示。

6 完成示例的选择后，将自动提示已完成对监视器中的文本的调谐，单击"完成"按钮即可，如图5-87所示。

图5-86

图5-87

第 **6** 章

用户管理与用户
文件安全

6.1 用户创建与设置

技巧1 新管理员用户的创建

管理员用户拥有对全系统的控制权，可以改变系统设置，可以安装、删除程序，能访问计算机上所有的文件。除此之外，还可创建和删除计算机上的用户、可以更改其他人的名、图片、密码和类型。

1 将鼠标移至桌面左下角，当出现开始"屏幕"预览图标时单击鼠标右键，在弹出的快捷菜单中选择"控制面板"命令，如图6-1所示。

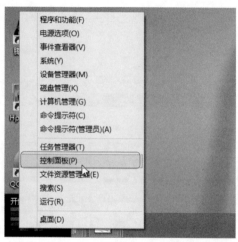

图6-1

2 打开"控制面板"窗口，单击"更改帐户类型"链接，如图6-2所示。

图6-2

③ 打开"选择要更改的用户"页面，单击"在电脑设置中添加新用户"链接，如图6-3所示。

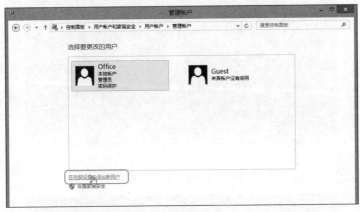

图6-3

④ 打开"电脑设置"界面，系统自动选择"用户"选项，单击"添加用户"按钮，如图6-4所示。

图6-4

⑤ 打开"添加用户"界面，在没有Microsoft账户登录的情况下登录，单击"下一步"按钮，如图6-5所示。

提 示

在"添加用户"界面还可以输入电子邮件地址登录，输入后单击"下一步"按钮；如果没有电子邮件，单击"注册新电子邮件地址"链接来创建新的电子邮件地址。

图6-5

⑥ 单击"本地帐户"按钮，如图6-6所示。

图6-6

⑦ 在新打开的页面中，完成用户资料，单击"下一步"按钮，如图6-7所示。

图6-7

⑧ 单击"完成"按钮，即可成功创建，如图6-8所示。

图6-8

⑨ 此时返回管理界面，会发现列表中增加了新建的用户，如图6-9所示。

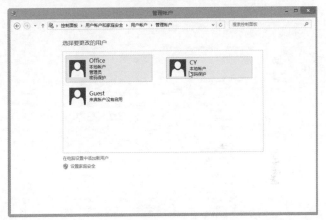

图6-9

技巧2 在"本地用户和组"中创建新用户

除了在"用户帐户"中创建新用户外，还可以在"计算机管理"下的"本地用户和组"中创建和管理用户。例如在"本地用户和组"中创建新的用户。

❶ 将鼠标移至桌面左下角，当出现"开始"屏幕预览图标时单击鼠标右键，在弹出的快捷菜单中单击"控制面板"命令，打开"控制面板"窗口。

❷ 在"控制面板"窗口中的"大图标"列表下，单击"管理工具"链接，如图6-10所示。

❸ 进入"管理工具"窗口，在显示的"名称"列表下，双击"计算机管理"（如图6-11所示），打开"计算机管理"窗口，如图6-12所示。

图6-10

图6-11

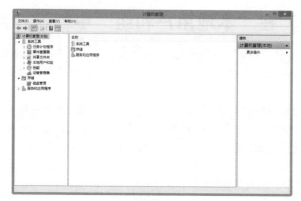

图6-12

4 在"计算机管理"窗口的左侧列表中,依次展开"本地用户和组"→"用户"标签,并在右侧单击鼠标右键,在弹出的菜单中选中"新用户"命令(如图6-13所示),打开"新用户"对话框,如图6-14所示。

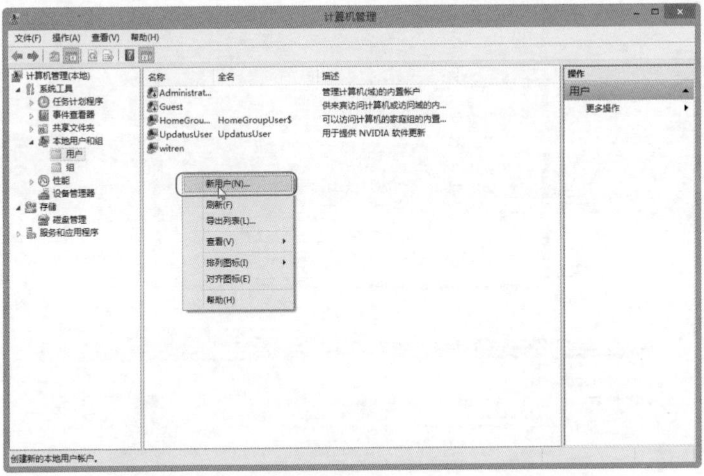

图6-13

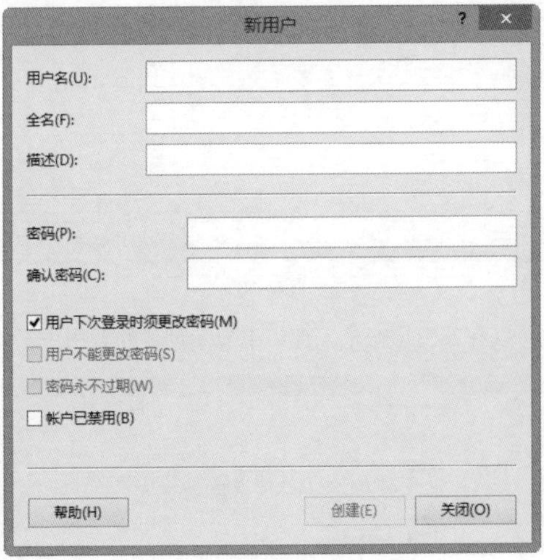

图6-14

5 在"新用户"对话框中,输入创建的用户名、密码、确认密码,如图6-15所示。

6 完成输入后,单击"创建"按钮,即可完成新用户的创建,并在"用户"组中显示创建的用户,如图6-16所示。

图6-15

图6-16

⑦ 同时也可以在"管理帐户"窗口中显示创建的新用户，如图6-17所示。

图6-17

技巧3 禁用不使用的用户

如果系统中某用户不经常使用，或者有意停止使用某用户，可以对用户进行禁用设置，具体操作如下。

1 在"计算机管理"窗口的左侧列表中，依次展开"本地用户和组"→"用户"标签，并在右侧中选中禁用用户，如WangY。单击鼠标右键，在弹出的菜单中选中"属性"命令（如图6-18所示），打开"WangY属性"对话框，如图6-19所示。

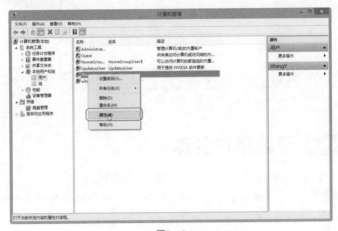

图6-18

图6-19

2 在"WangY属性"对话框中，选中"帐户已禁用"复选框（如图6-20所示），设置完成后单击"确定"按钮，即可禁用WangY用户。

图6-20

技巧4 更改用户名称

如果用户需要更改名称，可以通过下面介绍来实现。

❶ 将鼠标移至桌面左下角，当出现"开始"屏幕预览图标时单击鼠标右键，在弹出的快捷菜单中选择"控制面板"命令。

❷ 打开"控制面板"窗口，单击"更改类型"链接，打开"选择要更改的用户"页面，选择需要重命名的用户，如图6-21所示。

图6-21

❸ 打开"更改帐户"窗口，单击"更改帐户名称"链接，如图6-22所示。

图6-22

4 输入新的名称，单击"更改名称"按钮，如图6-23所示。

图6-23

5 返回到"更改帐户"窗口，即可完成用户名称的更改，如图6-24所示。

图6-24

技巧5 为用户添加密码

没有密码的用户是无安全可言的，如果在创建用户时没有创建密码，可以通过下面介绍来给用户添加密码。

❶ 将鼠标移至桌面左下角，当出现"开始"屏幕预览图标时单击鼠标右键，在弹出的快捷菜单中单击"控制面板"命令。

❷ 打开"控制面板"窗口，单击"更改类型"链接，进入"选择要更改的用户"页面，选择需要添加密码的用户，如图6-25所示。

图6-25

❸ 进入"更改帐户"窗口，单击"创建密码"链接，如图6-26所示。

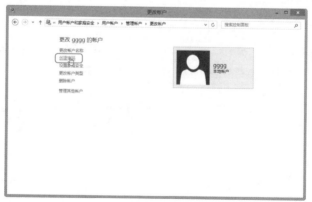

图6-26

❹ 进入"创建密码"窗口，输入密码并重复验证，输入完成后单击"创建密码"按钮，如图6-27所示。

图6-27

⑤ 返回更改界面，会发现图像下出现了"密码保护"字样，如图6-28所示。

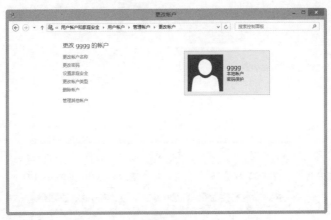

图6-28

技巧6 更改用户密码

如果用户需要更改密码，可以通过下面介绍来实现。

❶ 将鼠标移至桌面左下角，当出现"开始"屏幕预览图标时单击鼠标右键，在弹出的快捷菜单中单击"控制面板"命令。

❷ 打开"控制面板"窗口，单击"更改类型"链接，打开"选择要更改的用户"页面，选择需要更改的用户，如图6-29所示。

图6-29

③ 进入"更改帐户"窗口，单击"更改密码"链接，如图6-30所示。

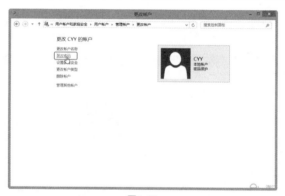

图6-30

④ 打开"更改CYY的密码"页面，输入更改的密码，如图6-31所示。

图6-31

⑤ 单击"更改密码"按钮，返回更改界面，即可完成密码的更改，如图6-32所示。

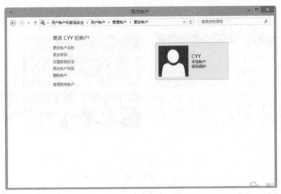

图6-32

技巧7 更改用户图片

计算机中用户的图片是可以修改的。如果用户需要更改图片，可以通过下面介绍来实现。

① 将鼠标移至桌面右上角，打开Charm菜单，如图6-33所示。

② 单击"设置"按钮，打开设置界面，单击"更改电脑设置"链接，如图6-34所示。

图6-33

图6-34

❸ 在"个性化"设置中选择"用户头像",单击"浏览"按钮,如图6-35所示。

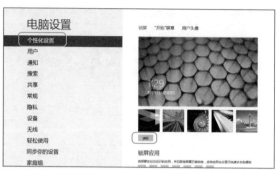

图6-35

❹ 选择需要作为用户图片的新图片,单击"选择图像"按钮,如图6-36所示。

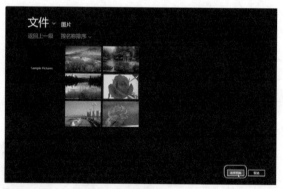

图6-36

❺ 返回到"电脑设置"界面,即可看到设置后的图片,如图6-37所示。

图6-37

技巧8 设置密码的使用期限

长时间使用一个密码也是造成密码泄露的因素，因此可以给密码设置一个使用期限来定时提醒自己更换密码。

① 将鼠标移至桌面左下角，当出现"开始"屏幕预览图标时单击鼠标右键，在弹出的快捷菜单中选择"运行"命令，如图6-38所示。

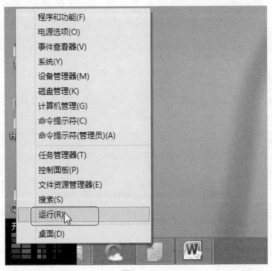

图6-38

② 打开"运行"对话框，在"搜索"文本框中输入gpedit.msc，按Enter键后打开"本地组策略编辑器"窗口，如图6-39所示。

图6-39

③ 在"本地组策略编辑器"窗口左侧依次展开"计算机配置"→"Windows设置"→"安全设置"→"帐户策略"→"密码策略"分支，然后在右侧窗格中找到"密码最短使用期限"和"密码最长使用期限"策略项，如图6-40所示。

第6章

第7章

第8章

第9章

第10章

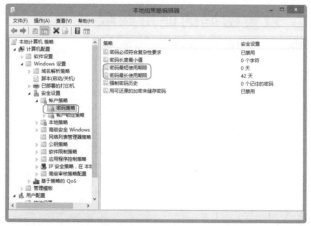

图6-40

④ 根据需要分别双击这两个策略项，这里双击"密码最短使用期限"策略项，在打开的对话框中设置密码使用时间即可，如图6-41所示。最后依次单击"确定"按钮。

图6-41

技巧9 让Windows 8自动登录

若是一个人使用电脑，每次开机都要输入密码也是一件麻烦事。设置自动登录后，开机时系统会自动登录，不用再输入密码，同时还可以加快开机速度。

① 将鼠标移至桌面左下角，当出现"开始"屏幕预览图标时单击鼠标右键，在弹出的快捷菜单中选择"运行"命令。

❷ 打开"运行"对话框，在"搜索"文本框中输入control userpasswords2，按Enter键后打开"用户帐户"对话框，如图6-42所示。

图6-42

❸ 打开"用户"选项卡，在"本机用户"列表框中选中需要设置自动登录的用户名，然后取消选中"要使用本机，用户必须输入用户名和密码"复选框，如图6-43所示。

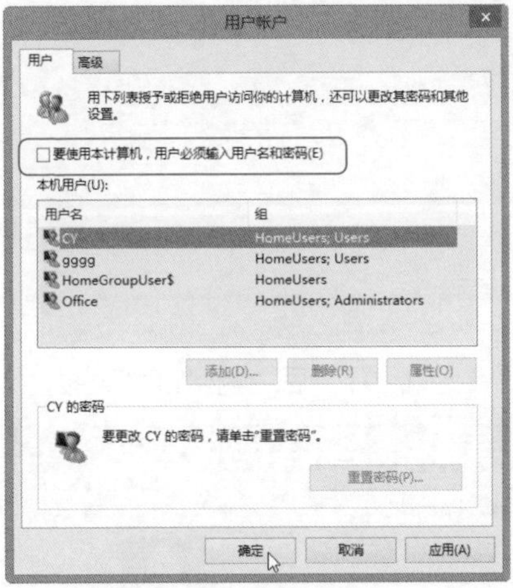

图6-43

❹ 单击"确定"按钮，打开"自动登录"对话框，输入该用户的密码和确认密码，如图6-44所示。单击"确定"按钮即可。

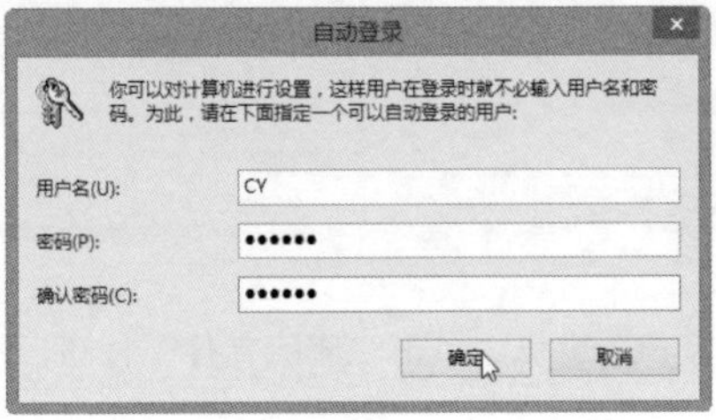

图6-44

技巧10 删除已有的用户

如果所选择的用户并不是当前登录用户，可以选择删除，除非该当前正在登录的用户不能删除。下面介绍如何删除已有的用户。

❶ 将鼠标移至桌面左下角，当出现"开始"屏幕预览图标时单击鼠标右键，在弹出的快捷菜单中选择"控制面板"命令。

❷ 打开"控制面板"窗口，单击"更改类型"链接，打开"选择要更改的用户"页面，选择需要删除的，如图6-45所示。

图6-45

❸ 进入"更改账户"窗口，单击"删除账户"链接，如图6-46所示。

图6-46

❹ 在"删除账户"窗口中单击"删除文件"按钮，即可删除用户，如图6-47所示。

图6-47

6.2 家长权限管理

技巧11 启用家庭安全

微软在Windows 8中极大地改进了家庭安全功能和可用的服务，确保家庭使用环境的安全，可以通过下面介绍来启用家庭安全。

❶ 将鼠标移至桌面左下角，当出现"开始"屏幕预览图标时单击鼠标右键，在弹出的快捷菜单中选择"控制面板"命令。

❷ 打开"控制面板"窗口，单击"为用户设置家庭安全"链接，如图6-48所示。

图6-48

③ 打开"家庭安全"窗口，单击需要设置家庭安全的用户名称，如图6-49所示。

图6-49

④ 进入"用户设置"窗口，在"家庭安全"栏下选中"启用，应用当前设置"选项，即可启用家庭安全，如图6-50所示。

图6-50

技巧12 网站筛选

在网站筛选页，可以设置网站筛选的级别或者设定只访问某些特定的网站，可以通过下面介绍来实现。

① 在"用户设置"窗口单击"网站筛选"链接，如图6-51所示。

② 打开"网站筛选"窗口，单击"设置网站筛选级别"链接，如图6-52所示。

图6-51

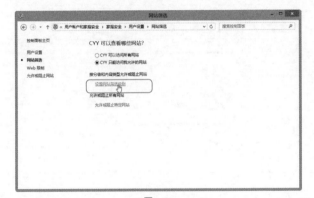

图6-52

3 进入"Web限制"窗口,在网站筛选级别中有5种可选择的级别,根据具体需求设置,图6-53所示。

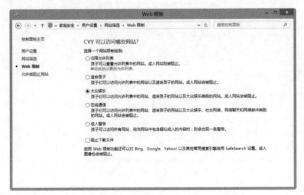

图6-53

> **提 示**
>
> 还可以勾选"阻止下载文件"复选框，这样可以避免恶意软件被保存在本地计算机上。

技巧13 限制使用电脑的时间

为了防止孩子每天用电脑时间过长，可以在家长控制中设定电脑的使用时间限制。

❶ 在"用户设置"窗口单击"时间限制"链接，如图6-54所示。

图6-54

❷ 打开"时间限制"窗口，单击"设置限用时段"链接，如图6-55所示。

图6-55

❸ 在打开"限制时段"窗口中，选中"adminadmin只能在我允许的设置范

围内使用电脑"选项，一周的时间划成固定区间的小格，每一格代表一天中一个小时。用鼠标单击一个空白小格，自动将其标上蓝色，表示这个小时内不允许用电脑，若按住左键拖动鼠标，可以划定一批阻止的时间方格，单击"确定"按钮保存设置，如图6-56所示。

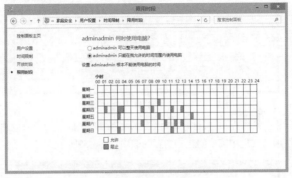

图6-56

技巧14　限制所玩游戏的类型

在限制上网和使用电脑时间后，家长还可以限制孩子在电脑上玩游戏的内容。

❶ 在"用户设置"窗口单击"Windows应用商店和游戏限制"链接，如图6-57所示。

图6-57

❷ 进入"游戏和Windows应用商店限制"窗口，单击下方的"设置游戏和Windows应用商店分级"链接，如图6-58所示。

图6-58

③ 打开"分级级别"窗口，在这里能设置用户可以玩的游戏级别，选中合适的级别选项，或选中需要阻止的内容的选项，图6-59所示。

图6-59

④ 如果单击"允许或阻止特定游戏"链接，打开"允许或阻止游戏"窗口，在所需的游戏右侧选择"用户分级设置"、"始终允许"或"始终阻止"选项，即可完成针对某个游戏进行设置，如图6-60所示。

图6-60

技巧15 限制使用的应用程序

如果只希望孩子在电脑上进行特定的操作，如只允许进行Office办公软件的使用，可以按照以下步骤设置。

1 在"用户设置"窗口单击"应用限制"链接，如图6-61所示。

图6-61

2 进入"应用限制"窗口，选择"CYY只能使用我允许的应用"选项，在显示的应用程序列表中，选择可以使用的应用程序，如图6-62所示。

图6-62

3 单击"浏览"按钮，打开"打开"对话框，可以在对话框中添加列表中没有显示的程序名称，如图6-63所示。

图6-63

6.3 用户文件安全管理

技巧16 **使用压缩文件夹功能加密文件**

为了保护文件的安全，用户可以使用压缩软件对文件进行加密压缩或解密，以解决文件数据保密和问题安全。

① 打开文件放置的文件夹窗口，选中要压缩加密的文件夹，单击鼠标右键，在弹出的快捷菜单中选择"添加到压缩文件"命令，如图6-64所示。

图6-64

② 弹出"压缩文件名和参数"对话框，切换到"高级"选项卡，单击"设置密码"按钮，如图6-65所示。

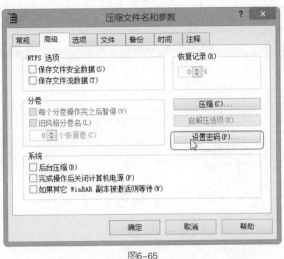

图6-65

③ 弹出"带密码压缩"页面，输入密码和确认密码，单击"确定"按钮，自动对文件或文件夹进行压缩，如图6-66所示。

④ 打开解压加密的文件夹时，将自动弹出"输入加密文件的密码"页面，要求用户输入正确的密码才能对压缩后的文件进行操作，如图6-67所示。

图6-66

图6-67

技巧17 使用NTFS格式的加密功能加密文件或文件夹

NTFS文件系统格式具有文件加密的功能，使用这种加密方式可以对文件或文件夹快速加密，以保护文件或文件夹内的数据。

① 选中要加密的文件或文件夹，单击鼠标右键，在弹出的快捷菜单中选择
"属性"命令，认同6-68所示。

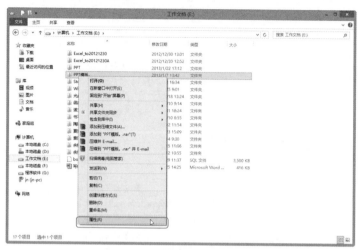

图6-68

② 弹出"属性"对话框，在"常规"选项卡下单击"属性"栏下的"高
级"按钮，如图6-69所示。

图6-69

③ 弹出"高级属性"对话框，在"压缩或加密属性"栏勾选"加密内容以
便保护数据"复选框，单击"确定"按钮，如图6-70所示。

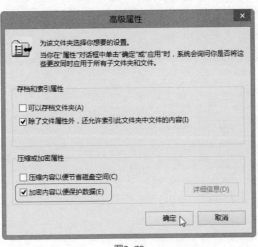

图6-70

④ 弹出"确认属性更改"对话框，提示已对所选文件进行加密，单击"将更改应用于此文件夹、子文件夹和文件"单选按钮，如图6-71所示。

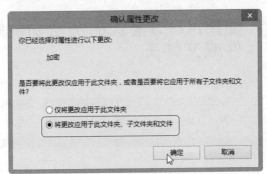

图6-71

⑤ 单击"确定"按钮，接着弹出"应用属性"对话框，以显示文件或文件夹加密处理进度，如图6-72所示。

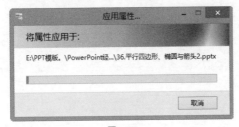

图6-72

⑥ 返回文件或文件夹所在窗口，可以看到加密后的文件或文件夹的名称颜色已发生了变化，如图6-73所示。

图6-73

技巧18 使用NTFS格式的加密功能解密文件或文件夹

若要解密使用NTFS格式加密的文件，可以通过下面的介绍来实现。

① 选中使用NTFS格式加密功能加密的文件或文件夹，单击鼠标右键，在弹出的快捷菜单中选择"属性"命令，认同6-74所示。

图6-74

2 弹出"属性"对话框，在"常规"选项卡单击"属性"栏下的"高级"按钮，如图6-75所示。

图6-75

3 弹出"高级属性"对话框，在"压缩或加密属性"栏取消"加密内容以便保护数据"复选框的勾选，单击"确定"按钮，如图6-76所示。

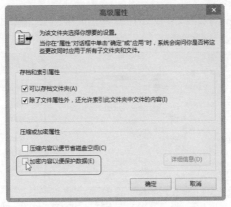

图6-76

4 弹出"确认属性更改"对话框，提示已对所选文件进行解密，单击"将更改应用于此文件夹、子文件夹和文件"单选按钮，如图6-77所示。

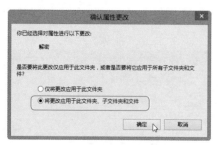

图6-77

⑤ 单击"确定"按钮，接着弹出"应用属性"对话框，以显示文件或文件夹解密处理进度，如图6-78所示。

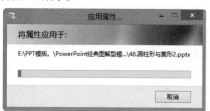

图6-78

技巧19 文件或文件夹的权限设置

文件或文件夹的权限设置可以很好地管理用户控制文件的权限，可以通过下面的介绍来实现。

① 选中要设置权限文件或文件夹，单击鼠标右键，在弹出的快捷菜单中选择"属性"命令，认同6-79所示。

图6-79

2 弹出"属性"对话框，打开"安全"选项卡，在"组或用户名"列表中选择要设置权限的组或用户名，单击"编辑"按钮，如图6-80所示。

3 在用户的权限列表框中可通过勾选"允许"或"拒绝"栏中的相应复选框来设置用户是否拥有该权限，设置完成后单击"确定"按钮，如图6-81所示。

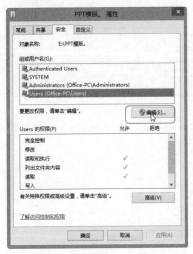

图6-80

图6-81

4 弹出"Windows安全"对话框，对用户权限设置进行相关提示，单击"是"按钮，完成用户权限的设置，从而完成文件或文件的数据保护，如图6-82所示。

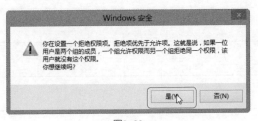

图6-82

读书笔记

第 7 章

系统硬件管理与配置

7.1 系统硬件查看

技巧1 查看系统硬件的基本配置

用户可以根据需要查看自己电脑系统硬件的基本配置。

❶ 启动电脑后，按Windows+R快捷键，打开"运行"对话框，在文本框中输入dxdiag命令，单击"确定"按钮，如图7-1所示。

图7-1

❷ 此时弹出"DirectX诊断工具"提示窗口，单击"是"按钮，如图7-2所示。

图7-2

❸ 打开"DirectX诊断工具"窗口，选择"系统"选项卡，即可查看主机处理器与内存的基本信息，如图7-3所示。

图7-3

④ 选择"显示"选项卡,即可查看主机的显卡基本信息,如图7-4所示。

图7-4

⑤ 选择"声音"选项卡,即可查看主机的声卡基本信息,如图7-5所示。

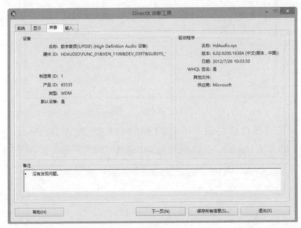

图7-5

技巧2 在"设备管理器"下查看系统硬件的详细信息

用户可还可以通过"设置管理器"查看系统的配置信息。

❶ 启动电脑后,按Windows+X快捷键,或者在桌面将鼠标移动到左下角右击,在弹出的下拉菜单中选择"设备管理器"命令,如图7-6所示。

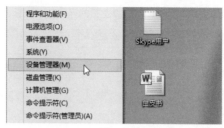

图7-6

②打开"设备管理器"窗口，单击即可查看系统的配置信息，如单击"处理器"，即可查看查看处理器的信息，如图7-7所示。

图7-7

③双击"磁盘驱动器"下的ST3500418AS ATA Device，或者右击ST3500418AS ATA Device，在弹出的菜单中选择"属性"命令，如图7-8所示。

图7-8

④ 打开"ST3500418AS ATA Device 属性"对话框,选择"驱动程序"选项卡进行查看,如图7-9所示。

⑤ 单击"驱动程序详细"按钮,在打开的"驱动程序文件详细信息"对话框中即可查看详细信息,如图7-10所示。

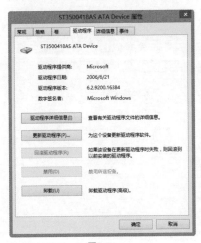

图7-9

图7-10

技巧3 查看硬件属性

用户可以根据需要查看硬件的属性。

① 打开"设备管理器"窗口,选择要查看的硬件选项,如右击"Qualcomm Atheros AR8132 PCI-E快速以太网控制器(NDIS 6.30)",在弹出的快捷菜单中选择"属性"命令,如图7-11所示。

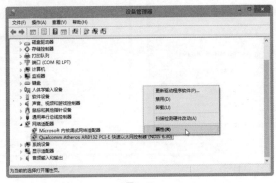

图7-11

② 打开"Qualcomm Atheros AR8132 PCI-E快速以太网控制器（NDIS 6.30）属性"对话框，选择"常规"选项卡，即可查看硬件的基本状态，如图7-12所示。

③ 选择"高级"选项卡，即可查看到适配器的具体属性和值属性，如图7-13所示。

图7-12   图7-13

④ 选择"驱动程序"选项卡，即可查看驱动程序属性，可以对驱动程序进行更新、卸载、回滚、停用、启用等一系列操作，如图7-14所示。

⑤ 选择"详细信息"选项卡，即可查看详细信息属性，以及查看设备器的各种属性和值，如图7-15所示。

图7-14   图7-15

⑥ 选择"事件"选项卡，即可查看事件属性，以及可以查看该设备的各种

事件记录，掌握设备的运行情况及出现错误的时间等，如图7-16所示。

⑦ 选择"资源"选项卡，即可查看资源属性，以及可以看到资源的各种设置，如果有通信冲突可以在此解决，如图7-17所示。

图7-16

图7-17

⑧ 选择"电源管理"选项卡，即可查看电源管理属性，可以选择一些和节约电源相关的选项，如图7-18所示。

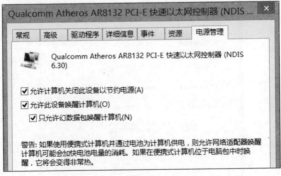

图7-18

技巧4 驱动程序更新

用户可以根据需要对硬件中的驱动程序进行更新。

① 打开"设备管理器"窗口，选择需要进行驱动程序更新的硬件，如选择"存储控制器"下的"Microsoft存储空间控制器"，右击鼠标，在弹出的快捷菜单中选择"属性"命令，如图7-19所示。

图7-19

2 打开"Microsoft存储空间控制器 属性"对话框，在"驱动程序"选项卡下单击"更新驱动程序"按钮，如图7-20所示。

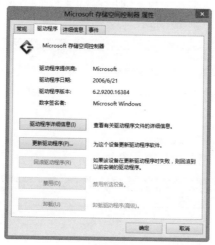

图7-20

3 在弹出的"更新驱动程序-Microsoft存储空间控制器"窗口中单击"自动搜索更新的驱动程序软件"选项，如图7-21所示。

4 此时窗口中显示正在联机搜索软件，如图7-22所示。

5 完成后窗口显示"已安装适合设备的最佳驱动程序软件"，单击"关闭"按钮即可，如图7-23所示。

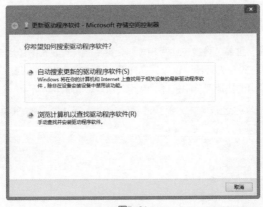

图7-21

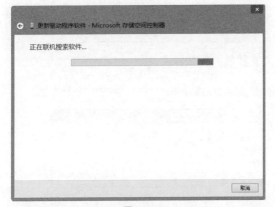

图7-22

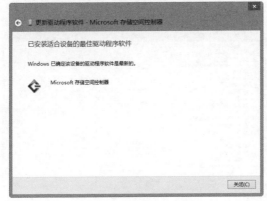

图7-23

技巧5 设备的禁用与启用

在"设备管理器"窗口中，用户可以根据需要设置设备的禁用与启用。

❶ 打开"设备管理器"窗口，选择需要禁用的设备，如"线路输入"，右击鼠标，在弹出的快捷菜单中选择"禁用"命令，如图7-24所示。

图7-24

❷ 在弹出的提示对话框中单击"是"按钮即可禁用该设备，如图7-25所示。

图7-25

❸ 如果需要启用设置禁用的设备，选中该设备，右击鼠标，在弹出的快捷菜单中选择"启用"命令即可，如图7-26所示。

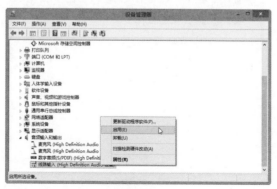

图7-26

技巧6 卸载驱动程序

用户可以将不需要的驱动程序卸载。

❶ 打开"设备管理器"窗口，选择需要卸载驱动程序的设备，如"便携设备"栏下的"凌波微步"，右击鼠标，在弹出的快捷菜单中选择"卸载"命令，如图7-27所示。

图7-27

❷ 或者在"凌波微步"上右击鼠标，在弹出的快捷菜单中选择"属性"命令，打开"凌波微步 属性"对话框，在"驱动程序"选项卡下单击"卸载"按钮，如图7-28所示。

❸ 此时会弹出"确认设备卸载"对话框，单击"确定"按钮即可，如图7-29所示。

图7-28

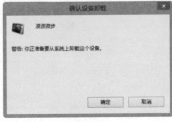

图7-29

技巧7 查看网络配置

用户可以根据需要查看网络配置。

① 在桌面右下角单击"网络"图标，在弹出的选项中选择"打开网络和共享中心"，如图7-30所示。

② 打开"网络和共享中心"窗口，在"查看基本网络信息并设置连接"栏下，单击"查看活动网络"栏右侧的"本地连接"，如图7-31所示。

图7-30   图7-31

③ 打开"本地连接 状态"对话框，单击"属性"按钮，如图7-32所示。

④ 在打开的"本地连接 属性"对话框中即可查看当前网络的配置情况，如图7-33所示。

图7-32   图7-33

技巧8　显示、隐藏硬件设备

Windows 8的设备管理器会自动隐藏一些不重要的设备，如磁盘驱动器等，可以在设备管理器中进行设置，以正常显示。

① 打开"设备管理器"窗口，选中需要显示的设备，如"磁盘驱动器"，在菜单栏选择"查看"→"显示隐藏的设备"命令，如图7-34所示。

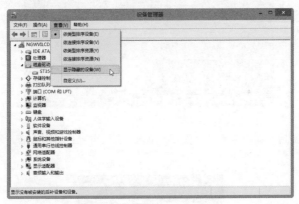

图7-34

② 此时窗口中即可将隐藏的"磁盘驱动器"显示出来，如图7-35所示。

图7-35

技巧9　搜索设备

用户可以根据需要搜索设备。

① 将鼠标移到屏幕的最右侧的顶部或底部，在屏幕右侧显示的窗口中单击

"设置"，如图7-36所示。

图7-36

② 此时会弹出系统设置界面，单击"更改电脑设置"选项，如图7-37
所示。

图7-37

③ 打开"电脑设置"界面，在左侧选择"设备"选项，即可在右侧看到当
前电脑连接的硬件列，选择"添加设备"选项，如图7-38所示。

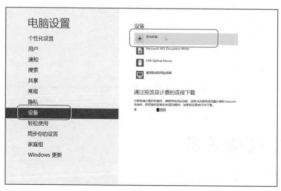

图7-38

4 此时系统开始搜索设备，当找到需要安装的设备后，会提示用户安装驱动程序，如图7-39所示。

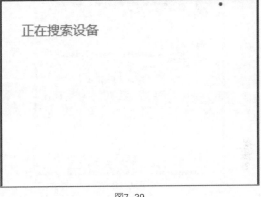

正在搜索设备

图7-39

技巧10 设备安装设置

Windows 8在发现新硬件时基本可以自动识别大部分硬件，并可进行自定义设置，以及判断是否安装驱动程序。

1 打开"系统"窗口，选择"高级系统设置"选项，如图7-40所示。

图7-40

2 弹出"系统属性"对话框，切换到"硬件"选项卡，单击"设备安装设置"按钮，如图7-41所示。

图7-41

③ 弹出"设备安装设置"对话框，单击"否，让我选择要执行的操作"单选按钮，并取消勾选"自动获取设备应用以及设备制造商提供的信息"复选框，然后单击"保存更改"按钮，如图7-42所示。

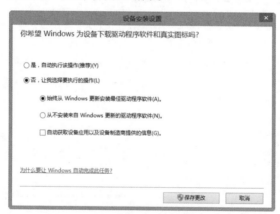

图7-42

技巧11 认识即插即用的硬件设备

即插即用PNP是Plug-and-Play的缩写，它的作用是自动配置计算机中的板卡和其他设备，然后告诉对应的设备都做了什么。

① 支持即插即用是一种可以快速简易安装某硬件设备而无需安装设备驱动程序或重新配置系统的标准。即插即用需要硬件和软件两方面支持，因此主要是

看计算机配件是否支持即插即用。具备即插即用功能，安装硬件就更为简易。

② 即插即用功能需要同时具备4个条件：即插即用的标准BIOS、即插即用的操作系统、即插即用的设备和即插即用的驱动程序。

③ 常见的即插即用设备有显示器、U盘等，还有鼠标、键盘也是即插即用设备，如图7-43所示。

图7-43

技巧12 安装即插即用的硬件设备

Windows 8基本支持绝大部分的即插即用硬件，系统可以自动进行识别驱动的安装，可以做到插上设备即可使用，同时还可以制定对设备连接后要进行的操作。

① 连接上即插即用设备后，弹出"设备安装"对话框，系统会自动安装设备驱动。

② 安装完毕后，屏幕上左上角弹出提示框，选择安装设备。

③ 在展开的下拉列表中，选择"打开设备以查看文件"选项，该设备窗口随后被打开，可以查看其中的文件，以后只要连接上该设备，就会自动打开该文件夹。

技巧13 安装非即插即用的硬件设备

安装非即插即用的设备时，如果系统无法识别，需要手动安装驱动程序，可以在设备管理器中添加过时的硬件，根据向导提示一步步进行操作，就可以安装成功。

① 打开"设备管理器"窗口，在菜单栏选择"操作"→"添加过时硬件"命令，如图7-44所示。

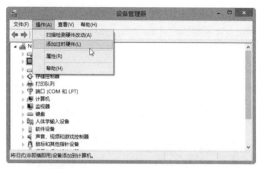

图7-44

② 弹出"添加硬件"对话框,单击"下一步"按钮,如图7-45所示。

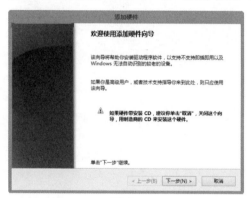

图7-45

③ 单击"安装我手动从列表选择的硬件(高级)"单选按钮,单击"下一步"按钮,如图7-46所示。

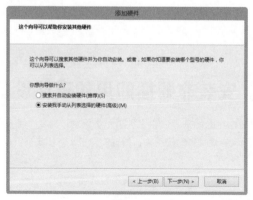

图7-46

④ 在"常见硬件类型"列表框中选择连接设备的硬件类型，单击"下一步"按钮，等待一段时间即可完成安装，如图7-47所示。

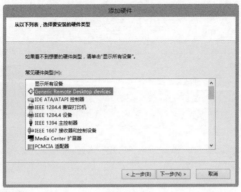

图7-47

7.2　系统管理与配置

技巧14　查看系统性能

在任务管理器中，用户可以查看系统的使用性能。

① 在系统桌面的任务栏右击鼠标，在弹出的快捷菜单中选择"任务管理器"命令。

② 打开"任务管理器"窗口，选择"性能"选项卡，进入性能显示界面，在窗口中显示CPU、内存、硬盘以及网络的使用情况，如图7-48所示。

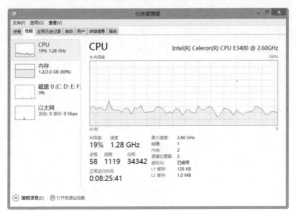

图7-48

❸ 单击"打开资源监视器"链接，在弹出的"资源监视器"窗口中详细展示这些部件的具体使用状况，如图7-49所示。

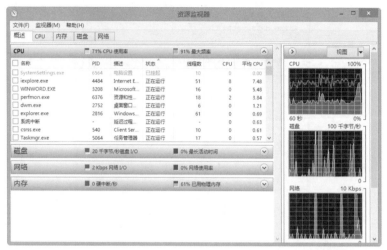

图7-49

技巧15 在性能监视器中查看日志数据

在性能监视器中可以查看详细的日志数据。

❶ 打开"性能监视器"窗口，在左侧窗格中展开"报告"，如图7-50所示。

图7-50

❷ 双击"用户定义"想要查看其日志数据的数据收集器集，在导航窗格

中，单击要查看的日志的名称，即可在报告视图中打开日志数据，如图7-51所示。

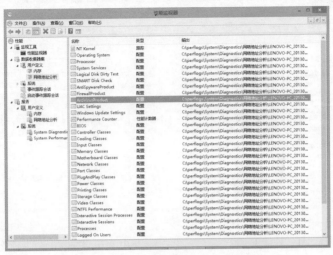

图7-51

技巧16　在性能监视器中添加计数器

用户可以根据需要在性能监视器中添加计数器。

❶ 打开"所有控制面板项"窗口，设置查看方式为"大图标"，选择"管理工具"选项，如图7-52所示。

图7-52

② 打开"管理工具"窗口，双击"性能监视器"选项，如图7-53所示。

图7-53

③ 打开"性能监视器"窗口，在左侧窗格中单击"性能监视器"选项，即可在右侧窗格查看监测信息，如图7-54所示。

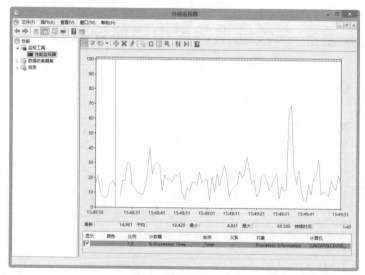

图7-54

④ 按Ctrl+N快捷键，或者单击"添加"按钮，打开"添加计数器"窗口，选择需要添加的项，单击"添加"按钮，将该计数器添加到性能监视器中，然后单击"确定"按钮，如图7-55所示。

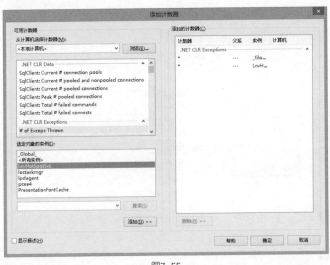

图7-55

技巧7　启动计划数据收集器

　　创建数据收集器后，可以使用数据管理过程来为每个数据收集器集配置存储选项，以在文件名中包含有关日志的信息、选择覆盖或附加数据，以及限制单个日志的文件大小。

1 在 Windows 性能监视器中，展开"数据收集器集"并单击"用户定义"选项，如图7-56所示。

图7-56

　　2 此时即可看到用户定义的选项，右键单击要计划的数据收集器集名称，如"内存"，在弹出的快捷菜单中选择"属性"命令，如图7-57所示。

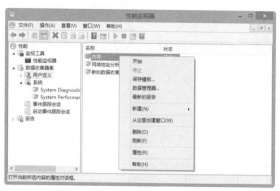

图7-57

❸ 打开"内存 属性"对话框，选择"计划"选项卡，然后单击"添加"按钮，以创建数据收集的开始日期、时间或天，如图7-58所示。

❹ 此时弹出"文件夹操作"对话框，当配置新数据收集器集时，确保此日期在当前日期和时间之后，如果不想在某个日期之后收集新数据，勾选"截止日期"复选框，并从日历中选择一个日期，如图7-59所示。完成后单击"确定"按钮。

图7-58

图7-59

技巧18 结束未响应的程序

为方便管理，用户可以结束未响应的程序。

❶ 在系统桌面任务栏右击鼠标，在弹出的快捷菜单中选择"任务管理器"命令，如图7-60所示。

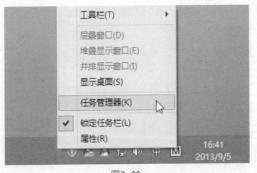

图7-60

❷ 打开"任务管理器"窗口,选择未响应的程序,单击"结束进程"按钮即可,如图7-61所示。

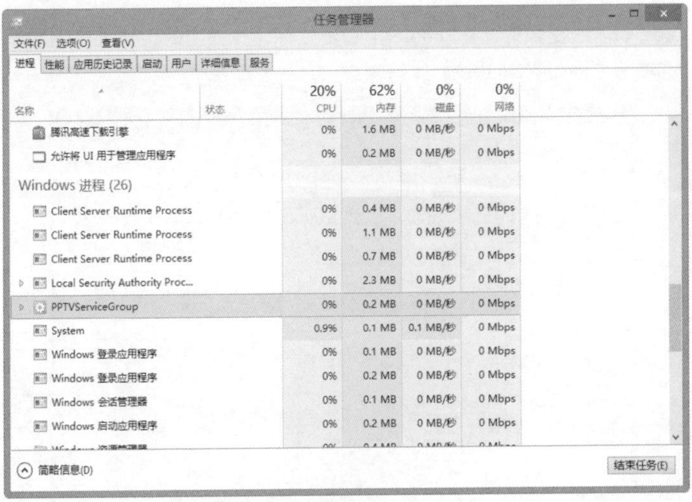

图7-61

技巧19 停用无用的服务

在任务管理器中,用户可以根据需要停用无用的服务。

❶ 在系统桌面任务栏右击鼠标,在弹出的快捷菜单中选择"任务管理器"命令。

❷ 打开"任务管理器"窗口,选择"服务"选项卡,选择需要停用的服务项,如Spooler,右击鼠标,在弹出的快捷菜单中选择"停用"选项,如图7-62所示。

图7-62

❸ 如需恢复服务，在Spooler上右击鼠标，在弹出的快捷菜单中选择"开始"选项即可，如图7-63所示。

图7-63

技巧20 移除即插即用的设备

即插即用的设备一般情况下不用卸载驱动程序，在确保硬件已经停止工作后，系统会直接弹出设备。在连接上即插即用设备时，桌面任务栏通知区会出现小图标，可以在此对即插即用设备进行管理。

❶ 在桌面任务栏右下角单击三角按钮，打开通知区域，单击移动设备图标，在弹出的菜单中选择"弹出Data Traveler SE9"命令，如图7-64所示。

2 此时桌面显示"安全地移除硬件"提示信息，即完成了即插即用设备的移除，如图7-65所示。

图7-64　　　　　　　　　　　　　　　　　图7-65

技巧21　硬件冲突的典型表现

设备冲突发生的情况包括计算机分配给多个设备相同的系统资源，从而发生了冲突。系统资源又包括中断请求IRQ、直接存储器存储通道DMA、输入/输出端口I/O和内存地址。系统可以自动处理冲突，但是在系统无法自动解决冲突的情况下，还可以使用设备管理器来解决设备冲突和查看资源设置。

1 在常见硬件冲突表现有：添加新硬件时或添加新硬件后系统经常无缘无故地死机、黑屏；启动时，无故进入安全模式；声卡和鼠标不能正常工作；设备管理器界面出现红色警告标志等。

2 添加新硬件时，新添加的硬件占用了原有设备，系统资源（包括中断请求IRQ、直接存储器存储通道DMA、输入/输出端口I/O和内存地址）在新旧硬件之间发生了资源冲突，将导致一或多个硬件设备无法正常工作，或系统工作不稳定从而出现蓝屏，如图7-66所示。

图7-66

技巧22 解决硬件冲突的方法

解决硬件冲突的方法有很多种，如更改硬件的资源配置、修改BIOS中断设置、更换设备的插槽等，一般情况下会使用硬件资源配置的方法。不同硬件的资源占用情况不同，如声卡资源会占用一个中断请求线路、两个存储器存储通道和多个输入/输出端口，判断出问题具体出在哪个硬件上，可针对问题进行解决。

1 打开"设备管理器"窗口，找到冲突的设备，如右击"PS/2标准键盘"选项，在弹出的快捷菜单中选择"属性"命令，如图7-67所示。

图7-67

2 此时弹出"PS/2标准键盘 属性"对话框，选择"资源"选项卡，记下资源设置的信息，以更改资源设置，如图7-68所示。

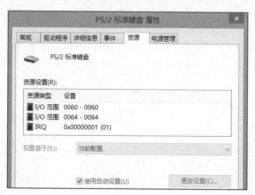

图7-68

3 打开"控制面板"窗口，单击"系统和安全"链接，如图7-69所示。

图7-69

④ 打开"系统和安全"窗口,单击"管理工具"链接,如图7-70所示。

图7-70

⑤ 打开"管理工具"窗口,双击"系统信息"图标,查看系统信息,如图7-71所示。

图7-71

⑥ 打开"系统信息"窗口，在"硬件资源"栏中单击"冲突/共享"选项，以查看硬件冲突是否解决，如图7-72所示。

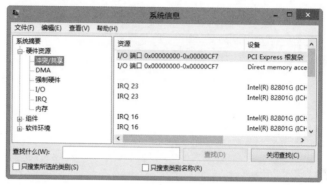

图7-72

⑦ 滚动可用资源设置并阅读各种设置的"冲突信息"。如果发现某一设置与其他某个设备并不冲突，保留"值"框中的所选设置，连续单击"确定"按钮，并重新启动计算机。

⑧ 有时需要调整硬件卡上的跳线，才能符合新设置；有时需要运行硬件厂商提供的配置实用程序，这取决于硬件的类型。如果卡上的跳线设置不对，解决冲突问题之后，硬件还是无法正常工作。

第 **8** 章

Windows 8常用
附件的使用

8.1 财经的使用

技巧1 了解国内当天财经资讯

　　财经应用，除了帮助用户了解瞬息万变的市场状况，还为用户做出最合理的财务决策。专为 Windows 设计。财经应用可让用户轻松掌控财经信息。

　　❶ 在"开始"屏幕中，单击"财经"图标（如图8-1所示），进入"财经"页面。也可以在"所有应用"页面中，单击"财经"图标（如图8-2所示），进入"财经"页面。

图8-1

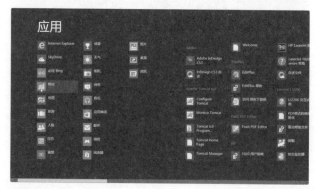

图8-2

提　示

　　单在"开始"屏幕中任意处单击鼠标右键，在下方弹出的菜单中单击"所有应用"按钮，即可进入"应用"页面。在"应用"页面集合了Windows 8自带的所有功能和用户安装的应用程序。

② 在"财经"页面首页可以看到今日重头财经标题，如图8-3所示。

图8-3

③ 通过向右拖动下方的滚动条，可以看到当天的财经资讯信息列表，如图8-4所示。

图8-4

④ 如果要查看某条财经资讯的详细信息，双击该资讯，即可进入该资讯的详细信息页面，如图8-5所示。

图8-5

技巧2 了解全球财经市场

用户如果需要了解全球财经市场，可以通过下面的介绍来实现。

❶ 在"开始"屏幕中，单击"财经"图标，进入"财经"页面。

❷ 在"财经"页面中单击鼠标右键，在上方弹出的菜单中单击"全球市场"按钮，如图8-6所示。

图8-6

❸ 即可进入"全球市场"页面，通过拖动下方的滚动条快速阅读全球财经，如图8-7所示。

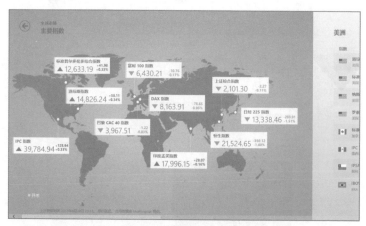

图8-7

❹ 通过向右拖动下方的滚动条，可以看到美洲、欧洲、东亚、非洲等的财经指数，如图8-8所示。

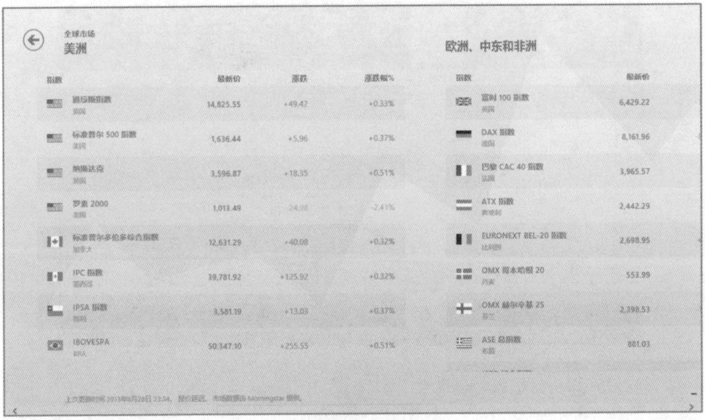

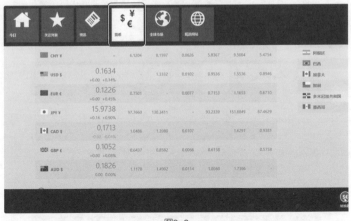

图8-8

技巧3　进行国际货币转换

在财经功能中还自带了一个国际货币转换器的实用工具，用户可以及时了解当天的国际货币的互换情况，如了解当今人民币与韩元互换情况，可以通过以下操作来实现。

❶ 在"开始"屏幕中，单击"财经"图标，进入"财经"页面。

❷ 在"财经"页面中单击鼠标右键，在上方弹出的菜单中单击"货币"按钮，如图8-9所示。

图8-9

❸ 单击"转换器"按钮，弹出"货币转换器"对话框，如图8-10所示。

图8-10

④ 单击"美国 美元"右侧的下拉按钮，在下拉菜单中选择要转换的货币，这里选择"韩国 元"，如图8-11所示。

图8-11

⑤ 设置完成后，即可将"中国 元"转换为"韩国 元"，如图8-12所示。

图8-12

技巧4　精选浏览财经网站

默认显示的是必应网站中的财经资讯，如果用户还需要查看其他财经网站，可以通过下面的介绍来实现。

❶ 在"开始"屏幕中，单击"财经"图标，进入"财经"页面。

❷ 在"财经"页面中单击鼠标右键，在上方弹出的菜单中单击"精选网站"按钮，如图8-13所示。

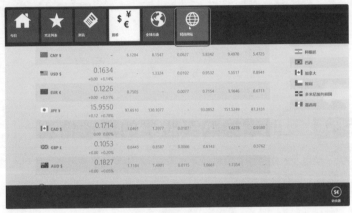

图8-13

❸ 进入下一页面，可以选择需要查看的网站，这里选择"经济网"，如图8-14所示。

图8-14

❹ 即可打开经济网浏览网页，如图8-15所示。

图8-15

技巧5 及时掌握购买股票的浮动情况

为了能够及时掌握购买股票的浮动情况，可以将购买的股票添加到关注列表中，通过下面的介绍来实现。

❶ 在"开始"屏幕中，单击"财经"图标，进入"财经"页面。

❷ 在"财经"页面中单击鼠标右键，在上方弹出的菜单中单击"关注列表"按钮，如图8-16所示。

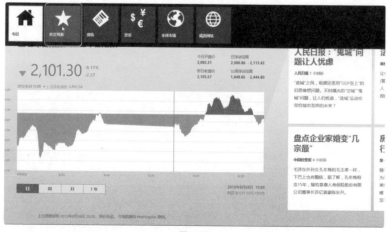

图8-16

❸ 进入"关注列表"页面，单击"添加"按钮，如图8-17所示。

图8-17

④ 弹出"添加到关注列表"界面，输入要关注的股票，如图8-18所示。

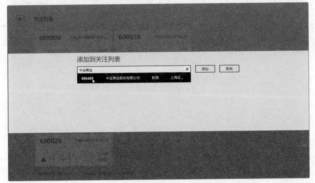

图8-18

⑤ 单击"添加"按钮，即可将关注的股票添加到"关注列表"中，如图8-19所示。

图8-19

8.2 地图的使用

技巧6 定位自己所在的位置

Windows 8系统中的地图，是基于位置的生活服务，是功能最全面、信息最丰富的地图应用，下面使用地图定位自己所在的位置。

❶ 在"开始"屏幕中，单击"地图"图标（如图8-20所示），即可进入"地图"页面。

图8-20

❷ 在"地图"页面中单击鼠标右键，在下方弹出的菜单中单击"我的位置"按钮，如图8-21所示。

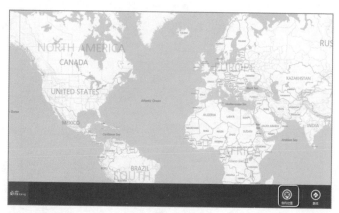

图8-21

❸ 即可查看自己所在的位置，如图8-22所示。

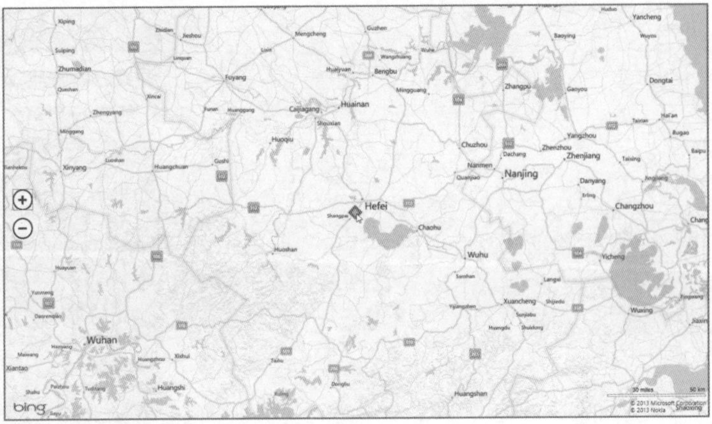

图8-22

技巧7　搜索城市与城市之间的路线与距离

Windows 8系统中的地图，是基于位置的生活服务，是功能最全面、信息最丰富的地图应用，下面使用地图搜索城市与城市之间的路线与距离。

❶ 在"开始"屏幕中，单击"地图"图标，即可进入"地图"页面。

❷ 在地图页面中单击鼠标右键，在下方弹出的菜单中单击"路线"按钮，如图8-23所示。

图8-23

❸ 右侧弹出"路线"页面，在文本框中输入两个城市的名称，如图8-24所示。

图8-24

④ 单击文本框右侧的"获取路线"按钮,即可查出两地之间的路线与距离,如图8-25所示。

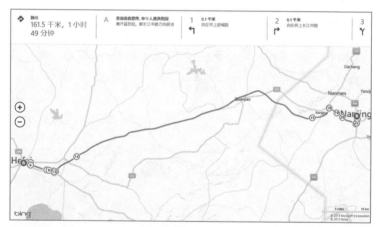

图8-25

技巧8 删除搜索记录

对于之前搜索的记录,如果不需要,可以将其删除。

① 在"开始"屏幕中,单击"地图"图标,即可进入"地图"页面。

② 地图页面中显示之前搜索的记录,单击鼠标右键,在下方弹出的菜单中单击"清除地图"按钮,如图8-26所示。

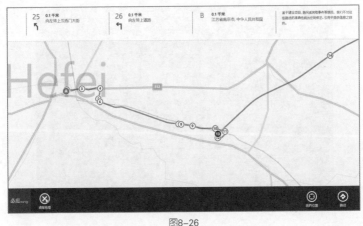

图8-26

❸ 即可将搜索的地图删除，如图8-27所示。

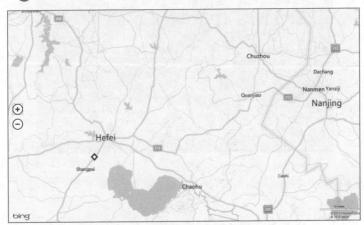

图8-27

8.3 天气的使用

技巧9 **查看当天本地天气情况**

　　Windows 8系统中自带了很多比较实用的应用程序，有股票走势、天气预报、游戏等，其中的天气预报相当受欢迎，下面来查看当天本地天气情况。

　　❶ 在"开始"屏幕中，单击"天气"图标（如图8-28所示），即可进入天气首页，默认下显示的是北京天气情况，如图8-29所示。

图8-28

图8-29

② 在任何处单击鼠标右击，在上方弹出的菜单中单击"地点"按钮，如图8-30所示。

图8-30

3 进入"添加 收藏夹"界面，单击"添加"按钮，如图8-31所示。

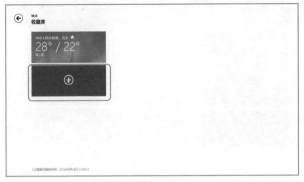

图8-31

4 进入"输入位置"界面，如图8-32所示。

图8-32

5 在弹出的文本框里输入要添加的城市，如图8-33所示。

图8-33

⑥ 返回到"地点 收藏夹"列表，即可看到添加的城市，如图8-34所示。

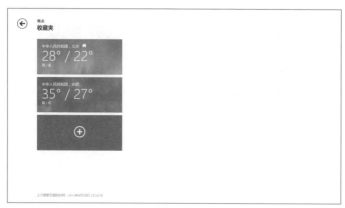

图8-34

⑦ 新增城市完成后，返回到页面将显示你新增城市的天气情况，如图8-35所示。

图8-35

技巧10 了解未来天气情况

天气应用功能，不仅可以查看本地天气预报，还可以查看未来七天的天气情况。

❶ 进入"天气"页面，单击右下方"七天预报"链接，如图8-36所示。

❷ 进入中国天气网下的合肥天气预报页面，在页面中显示4天的天气情况，如图8-37所示。

图8-36

图8-37

3 如果要查看未来7天的天气情况，可以在网站中单击"查看未来4-7天天气预报"链接，即可显示未来7天的天气情况，如图8-38所示。

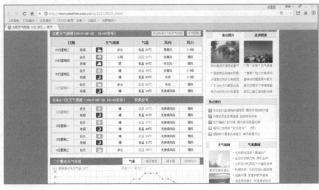

图8-38

技巧11 将所在城市天气情况设置为默认首页

默认天气首页显示的是北京天气情况，用户可以将自己所在城市设置为天气首页，这样每次进入天气首页时就会显示所在城市的天气情况。如果将所在城市设置为天气首页，可以通过下面的方式来实现。

1 进入用户所在地天气页面后，如合肥天气，在页面中单击鼠标右键，在下方弹出的菜单中单击"设为默认位置"按钮，，如图8-39所示。

图8-39

2 即可将合肥天气设置为天气首页，并且可以在收藏夹界面中看到合肥天气置顶显示，如图8-40所示。

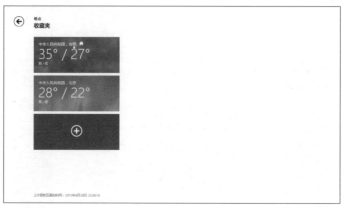

图8-40

③ 当下次运行天气时，打开的天气首页就会显示合肥天气情况，如图8-41所示。

图8-41

8.4 旅游的使用

技巧12 查看旅游资讯

在Windows 8中自带的"旅游"功能为众多旅游爱好者带来了福音，用户可以很方便地第一时间了解国内外旅游资讯、航班信息、酒店信息，以及各个旅游城市的全景图片。这里先来使用"旅游"功能查看旅游资讯。

① 在"开始"屏幕中，单击"旅游"图标（如图8-42所示），即可进入"旅游"首页，如图8-43所示。

图8-42

图8-43

2 通过向右拖动下方的滚动条，可以看到旅游城市与圣地的资讯信息列表，如图8-44所示。

图8-44

3 如果要查看某个旅游城市的资讯，如加拿大温哥华，在列表中双击"加拿大温哥华"，即可进入"加拿大温哥华"详细信息页面，如图8-45所示。

图8-45

4 在页面中通过向右拖动下方的滚动条，可以逐一看到加拿大温哥华的城市概述、城市景色图片（如图8-46所示），城市旅游景点、酒店、饭店等信息，如图8-47所示。

图8-46

图8-47

技巧13　了解旅游目的地

用户如果需要了解旅游目的地，可以通过下面的介绍来实现。

❶ 在"开始"屏幕中，单击"旅游"图标，即可进入"旅游"首页。

❷ 在"旅游"页面中，单击鼠标右键，在上方弹出的菜单中单击"目的地"按钮，如图8-48所示。

图8-48

③ 即可进入"目的地"页面，通过向右拖动下方的滚动条可以看到全球旅游城市列表，如图8-49所示。

图8-49

④ 如果心中已经有了旅游目的地，如欧洲的意大利威尼斯，可以在该页面中单击左上方的"地区：全部显示"按钮，可以看到以地区来划分的旅游目的地列表，如图8-50所示。

图8-50

⑤ 在列表中单击"欧洲"，即可进入欧洲旅游城市列表，如图8-51所示。

图8-51

⑥ 在列表中双击"意大利威尼斯"，即可进入"意大利威尼斯"页面中，

如图8-52所示。

意大利威尼斯

图8-52

7 在"意大利威尼斯"页面中可以了解该旅游城市的基本概述、城市美景图片、酒店、饭店等信息。

提　示

利用以上的方法，可以在"地区：全部显示"中选择其他旅游目的地城市，如亚洲的泰国吉普等。

技巧14　查询旅游城市的航班

在确定旅游的目的地后，首先就需要查询旅游城市的航班，可以通过下面的介绍来查询。

1 在"开始"屏幕中，单击"旅游"图标，即可进入"旅游"首页。

2 在"旅游"页面中，单击鼠标右键，在上方弹出的菜单中单击"航班"按钮，如图8-53所示。

爱尔兰都柏林

图8-53

3 即可进入"航班"页面，在该页面中显示"时间表"和"状态"标签，如图8-54所示。

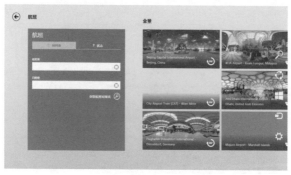

图8-54

4 单击"时间表"选项，在"始发地"和"目的地"中分别填入始发城市的机场（上海 - 浦东机场）和目的地城市的机场（威尼斯，意大利 - 马可波罗机场），如图8-55所示。

图8-55

5 完成后单击"获取航班时刻表"按钮，即可开始根据条件进行搜索并将航班信息显示有列表中，如图8-56所示。

图8-56

6 用户根据航班信息来安排自己的出行时间，并在线订购飞机票。

技巧15　查看旅游城市的酒店信息

用户计划了旅游目的地，除了查询旅游城市的航班外，还需要查一下旅游城市的酒店订约情况，可以通过下面的介绍来实现。

1 在"开始"屏幕中，单击"旅游"图标，即可进入"旅游"首页。

2 在"旅游"页面中，单击鼠标右键，在上方弹出的菜单中单击"酒店"按钮，如图8-57所示。

图8-57

3 即可进入"酒店"页面，在"城市"栏下的文本框中输入要查询的城市，如"威尼斯 意大利"，如图8-58所示。

图8-58

4 输入完成后，单击"搜索酒店"按钮，即可进入"酒店目录"页面开始搜索并显示酒店名称及联系方式，用户可以致电询问酒店价格，如图8-59所示。

图8-59

8.5 照片的使用

技巧16 导入照片

Windows 8系统中的照片应用提供了十分美观的图片查看方式，还提供了基本的图片管理功能。照片应用能自动识别本地图片库中的图片文件，不过首先需要将图片文件夹附加到库，下面来介绍导入照片。

❶ 在桌面上双击"这台电脑"图标，打开"这台电脑"窗口，在左侧单击"库"选项，将鼠标定位到"图片"图标上，单击鼠标右键，在弹出的快捷菜单中选择"属性"命令，如图8-60所示。

图8-60

❷ 打开"图片 属性"对话框，单击"添加"按钮，如图8-61所示。

图8-61

❸ 在弹出的对话框中选择要添加的图片文件夹，单击"加入文件夹"按钮，如图8-62所示。

图8-62

❹ 返回到"图片 属性"对话框，单击"确定"按钮，即可将图片文件夹添加到"图片库"中，如图8-63所示。

图8-63

技巧17 浏览照片

将图片文件夹附加到库后，才可以在照片应用中查看到，可以通过下面介绍来查看。

❶ 在"开始"屏幕中，单击"照片"图标（如图8-64所示），即可进入"照片"页面中，如图8-65所示。

图8-64

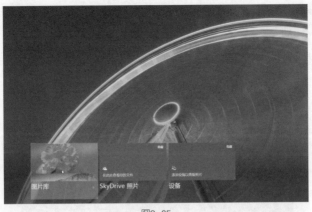

图8-65

② 在"照片"页面中，单击"图片库"图标，进入本地图片库浏览图片文件夹，如图8-66所示。

图8-66

提　示

打开需要附加到图片库的文件夹，选中要添加的图片，单击鼠标右键，在弹出的快捷菜单中选择"包含到库中"→"图片"命令，也可以浏览图片。

技巧18　按日期浏览图片

按日期浏览图片特别适用于照片文件，可根据拍摄的日期显示一段连续的生活状态。

❶ 打开照片应用图片库，在空白位置单击鼠标右键，在下方弹出的菜单中选择"按日期浏览"命令，如图8-67所示。

图8-67

❷ 图片即显示为按日期浏览，从左到右按照时间顺序倒序排列，如图8-68所示。

图8-68

技巧19 幻灯片放映图片

照片应用中的幻灯片放映图片，是一种体验感十分强的照片浏览方式，它可以全屏显示图片并按照一定的时间间隔自动切换照片，同时还可以有流畅的过渡效果，可以通过下面介绍来实现。

❶ 打开照片应用图片库，在空白位置单击鼠标右键，在下方弹出的菜单中选择"幻灯片放映"命令，如图8-69所示。

❷ 图片按照幻灯片的方式进行放映，如果需要退出，单击鼠标右键，接着单击左上角"后退"按钮即可，如图8-70所示。

图8-69

图8-70

技巧20　全屏查看图片

❶ 打开照片应用图片库，单击需要全屏查看的图片，如图8-71所示。

图8-71

② 全屏查看时，如果需要退出，单击鼠标右键，接着单击左上角"后退"按钮即可，如图8-72所示。

图8-72

技巧21 删除图片

用户对于不需要的图片，可以将其删除，通过下面介绍可将不需要的图片快速删除。

打开照片应用图片库，右击需要删除的图片，在下方弹出的菜单中选择"删除"命令，弹出提示对话框，单击"删除"按钮，即可删除被选中的图片，如图8-73所示。

图8-73

8.6　人脉的使用

技巧22 查看联系人

　　人脉应用，可以集合社交网络和即时聊天服务的联系人，以帮助管理。人脉应用中的联系人用最简单的方式来呈现，类似于通讯录的样式，可以查看联系人的详细信息，并且给联系人发送即时消息或者电子邮件。

　❶ 在"开始"屏幕，单击"人脉"图标（如图8-74所示），即可进入"添加Microsoft 帐户"界面，如图8-75所示。

图8-74

图8-75

　❷ 在"添加Microsoft 帐户"界面，如果用户有微软的邮箱账户和密码，可以直接在"电子邮件地址"和"密码"文本框中输入进行登录；如果没有Microsoft 账户，用户就需要注册，单击"注册Microsoft 帐户"链接，如图8-76所示。

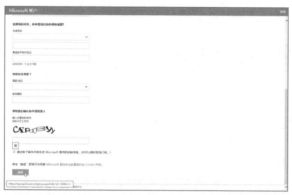

图8-76

❸ 打开"Microsoft 帐户"注册页面，在文本框中输入注册需要的信息，输入完成后，单击"接受"按钮，完成注册，如图8-77所示。

图8-77

❹ 如果有账户，直接在"添加Microsoft 帐户"界面输入帐户和密码，单击"保存"按钮，如图8-78所示。

图8-78

5 打开"添加用户"界面，单击"在没有Microsoft帐户的情况下登录"链接，单击"下一步"按钮，如图8-79所示。

图8-79

6 进入"人脉"页面中，显示账号里所有的联系人，单击联系人"王荣"头像图标，如图8-80所示。

图8-80

7 跳转到"王荣"页面，单击"查看个人资料"按钮，如图8-81所示。

图8-81

⑧ 跳转到"王荣"全部信息页面,可以查看到联系人"王荣"的所有信息,如图8-82所示。

图8-82

技巧23 添加联系人

人脉应用中除了自动同步帐号中的联系人,还可以手动添加联系人,以更好地管理所有联系人的资料。

❶ 在"人脉"页面中,在空白处单击鼠标右键,在弹出的快捷菜单中选择"新建"命令,如图8-83所示。

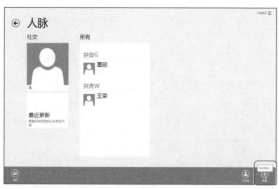

图8-83

❷ 跳转到"新建联系人"页面,在文本框中输入要新建联系人的电子邮件地址等信息,在底部单击"保存"按钮,如图8-84所示。

❸ 添加完联系人后,同自动同步的联系人一样,可以查看联系人的信息以及发送电子邮件等,如图8-85所示。

图8-84

图8-85

技巧24　删除联系人

如果用户需要删除联系人，可以通过下面介绍来实现。

❶ 在"人脉"页面中，选中需要删除的联系人，如图8-86所示。

图8-86

② 进入该联系人信息页面中，单击鼠标右键，在下方弹出的菜单中单击
"删除"按钮，如图8-87所示。

图8-87

8.7 日历的使用

技巧25 **切换日历视图**

在日历应用中，除了可以改变使用月历的方式以外，还可以使用"周"、
"日"视图来查看日历，这种个性化的视图方式可以满足不同的查看喜好，快速
找到对应的日子。

① 在"开始"屏幕中，单击"日历"图标（如图8-88所示），即可进入
"日历"界面，如图8-89所示。

图8-88

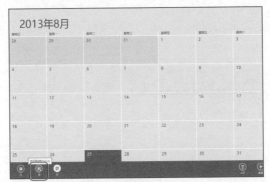

图8-89

② 在"日历"界面中，默认使用月视图的方式显示。用户可以在页面上任意空白处单击鼠标右键，在下方弹出的菜单中选择"显示周视图"命令，如图8-90所示。

图8-90

③ 日历应用视图即被切换至周视图方式，如图8-91所示。

图8-91

④ 在应用页面上任意空白处单击鼠标右键，在弹出的菜单中选择"显示日视图"命令，如图8-92所示。

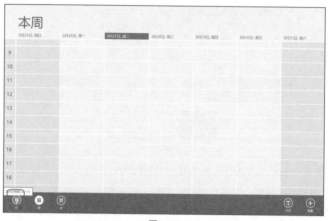

图8-92

⑤ 日历应用视图被切换至日视图方式，日程按照一天中的时间段划分，如图8-93所示。

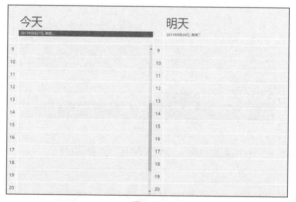

图8-93

技巧26 回到今天日历

在浏览日历中的其他月份或者年份时，想要查看今天的日历，有点不太方便找到，这时可以使用日历应用中的功能直接回到今天所在的页面。

① 在"日历"界面中，任意空白处单击鼠标右键，在弹出的菜单中选择"今天"命令，如图8-94所示。

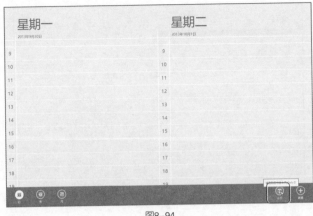

图8-94

❷ 跳转到今天所在的页面，可以查看今天的日期和具体的日程安排，如图8-95所示。

图8-95

技巧27 添加日程

日历除了查看日期和节日外，还可以在指定的日期和时间添加日程并进行提醒。

❶ 在"日历"界面中，在需要添加日程的日期所对应的空白出单击，如图8-96所示。

❷ 跳转到"详情"页面，输入日期的详细信息，在页面右上角单击"保存此活动"按钮，如图8-97所示。

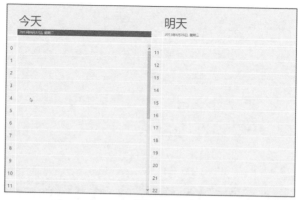

图8-96

图8-97

3 添加好日程后，按Windows键返回到"开始"屏幕，就可以在日历应用图标上看到动态的日程安排，如图8-98所示。

图8-98

技巧28 删除日程

如果安排的日程不需要时，可以对日历应用中的动态日程进行删除，通过下面介绍来实现。

❶ 在"日历"界面中，选择需要删除的日程，如图8-99所示。

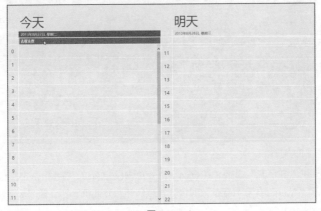

图8-99

❷ 跳转到"详情"页面，单击"删除"按钮，弹出提示框，单击"删除"按钮，即可删除日程，如图8-100所示。

图8-100

8.8 消息的使用

技巧29 打开并登录消息应用

消息应用可以给人脉应用中的联系人发送即时消息，即使对方使用的是其他即时消息程序，依然可以发送。只要人脉应用登录过Microsoft账户，再使用消息应用的时候就不再需要输入账户和密码了，可以直接打开应用连接互联网即可。

① 在"开始"屏幕中，单击"消息"图标，如图8-101所示。

图8-101

② 进入"消息"页面，在页面空白处单击鼠标右键，在弹出的快捷菜单中选择"状态"→"有空"命令，即可让消息应用和互联网连接，账号处于在线状态，如图8-102所示。

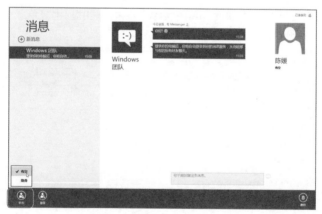

图8-102

技巧30 添加新好友

如果需要添加新好友，可以通过下面介绍来实现。

① 在"开始"屏幕单击"消息"图标，进入"消息"页面，在空白处单击鼠标右键，在下方弹出的菜单中单击"邀请"按钮，如图8-103所示。

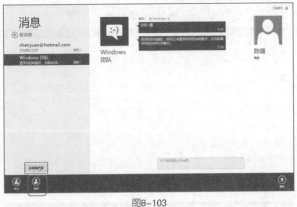

图8-103

2 此时程序会自动跳转到网页浏览器中，如图8-104所示。

图8-104

3 然后输入好友帐户，单击"下一步"按钮，如图8-105所示。

图8-105

④ 进入下一个界面，单击"邀请"按钮，如图8-106所示。

图8-106

⑤ 等待其验证通过后，就可以在消息应用中进行对话，如图8-107所示。

图8-107

技巧31 向联系人发送消息

消息应用和人脉应用结合得很紧，当选择发送消息的联系人时，会自动跳转到人脉应用的页面。

① 在"消息"页面中的左上方单击"新消息"按钮，如图8-108所示。

② 跳转到人脉应用界面，打开"全部"选项卡，选择要发送消息的联系人，单击"选择"按钮，如图8-109所示。

③ 进入"消息"页面，在文本框中输入要发送的消息文本，按Enter键即可发送，如图8-110所示。

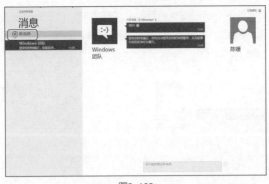

图8-108

图8-109

图8-110

技巧32 删除会话

如果不想保存聊天记录，可以通过下面介绍来删除会话。

在"消息"页面会话页面空白处单击鼠标右键，在下方弹出的菜单中单击"删除"按钮，弹出提示对话框，单击"删除"按钮，即可删除与当前联系人的所有对话，如图8-111所示。

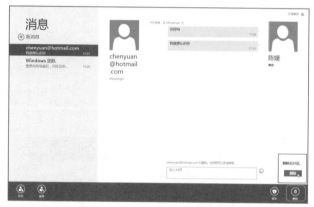

图8-111

8.9 邮件的使用

技巧33 发送邮件

邮件应用中的新建邮件基本包括了所有的需求，如邮件内容的排版、字体的编辑、附件和表情的添加等，使邮件的内容在编辑后显得更加美观。

① 在"开始"屏幕中，单击"邮件"图标，如图8-112所示。

图8-112

② 进入"邮件"页面后，要新建邮件，在左上方单击"新建"按钮，如图8-113所示。

图8-113

3 跳转至新建邮件页面，在文本框输入发送邮件的地址，可以选择自己的联系人，这里单击"收件人"按钮，如图8-114所示。

图8-114

4 在下拉列表中选择需要收件的联系人，如图8-115所示。

图8-115

⑤ 在右侧文本框中输入邮件的正文，在左上方单击"插入"按钮，在下拉列表中选择"文件附件"命令，如图8-116所示。

图8-116

⑥ 跳转到"文件"页面应用，找到需要的附件，单击"打开"按钮，如图8-117所示。

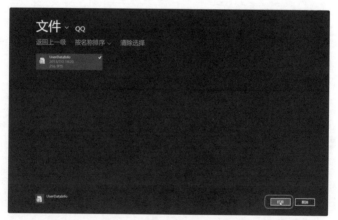

图8-117

⑦ 添加完附件后回到新建邮件页面，若要在邮件正文结尾处添加表情，单击"表情"按钮，如图8-118所示。

⑧ 邮件应用中默认方式提供了7种不同分类的表情图标，可以选择任意的一种或多种表情添加到正文中，如图8-119所示。

⑨ 为了更改邮件文本的字体大小，在文本框中，选中需要设置的文本，在上方单击"字体"命令，在弹出的菜单中选择字号，如图8-120所示。

图8-118

图8-119

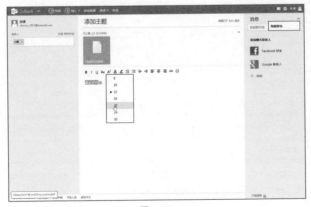

图8-120

⓾ 完成对新建邮件的编辑后，在左上方单击"发送"按钮，即可发送邮件，如图8-121所示。

图8-121

技巧34 回复邮件

当需要回复一封邮件，可以直接使用邮件应用的答复功能。

① 回到邮件应用首页，在右上方单击"答复"按钮，在下拉菜单中选择"答复"命令，如图8-122所示。

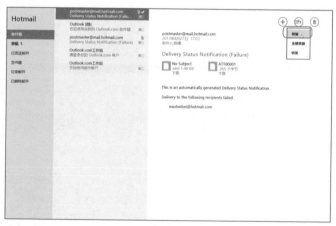

图8-122

② 即可打开邮件回复界面，如图8-123所示。

图8-123

按Ctrl+R快捷键也可打开邮件回复界面。

技巧35　删除邮件

对于不需要的邮件，用户可以将其删除，通过下面介绍来实现。

1 选中需要删除的邮件标题，单击鼠标右键，在右上方弹出的快捷菜单中单击"删除"按钮，如图8-124所示。

图8-124

2 该邮件被移动到"已删除邮件"文件夹中，收件箱中不再显示该邮件，如图8-125所示。

图8-125

技巧36 移动邮件

邮件应用还具体移动邮件的功能。用户可以对邮件进行手动分类整理，使杂乱无章的邮件重新整洁便于查阅，可通过下面介绍来实现。

❶ 选中需要移动的邮件标题，单击鼠标右键，在右下方弹出的快捷菜单中选择"移动"命令，如图8-126所示。

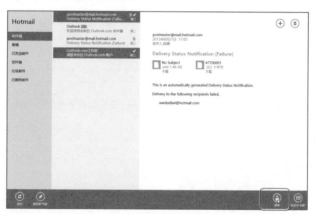

图8-126

❷ 跳转到文件夹选择页面，选择要将邮件移动到的目标文件夹，如"垃圾邮件"，如图8-127所示。

图8-127

第 9 章

Windows 8视听
与休闲娱乐

9.1 音乐的使用

技巧1 播放、暂停音乐

Windows 8提供了音乐应用，音乐应用界面让用户操作起来十分简单，只要打开应用就可以了解到操作方式，下面介绍播放、暂停音乐。

1 找到需要播放的音乐文件，打开音乐文件所在的文件夹，双击需要播放的音乐图标，如图9-1所示。

图9-1

2 即可启动音乐应用，自动播放该歌曲。如果要暂停应用，单击屏幕下方的"暂停"按钮，如图9-2所示。

图9-2

3 如果要继续播放已被暂停的歌曲，在屏幕下方单击"播放"按钮，如图9-3所示。

图9-3

技巧2 切换歌曲

如果用户在播放歌曲的过程中需要切换歌曲，可以通过下面介绍来实现。

打开音乐应用，在空白处单击鼠标右键，在下方弹出的菜单中单击"下一步"按钮，即可切换歌曲，如图9-4所示。

图9-4

技巧3 查看播放列表

如果同时打开多首歌曲，音乐应用会自动将这些歌曲以播放列表的形式顺序播放，可以通过下面介绍来查看并操作播放列表。

❶ 打开音乐应用，在左侧单击"播放列表"选项，如图9-5所示。

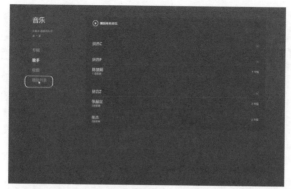

图9-5

2 可在右侧查看播放文件夹，单击即可查看播放列表，如图9-6所示。

图9-6

3 若要关闭播放列表，再次单击文件夹即可，如图9-7所示。

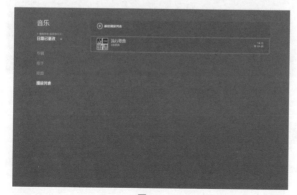

图9-7

9.2 Windows Media Player

技巧4 启动Windows Media Player

　　Windows Media Player是一个强大实用的音乐和视频中心。使用Windows Media Player，可以播放数字媒体文件，组织数字媒体集，将喜爱的音乐刻录成CD，从 CD 翻录音乐，将数字媒体文件同步到便携设备，以及从在线商店购买数字媒体内容。下面介绍如何启动Windows Media Player。

　　❶ 将鼠标移至桌面左下角，当出现"开始"屏幕预览图标时单击鼠标右键，在弹出的快捷菜单中选择"搜索"命令，如图9-8所示。

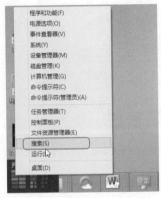

图9-8

　　❷ 进入"应用"界面，在"搜索"文本框中输入Windows Media Player，单击Windows Media Player图标，如图9-9所示。

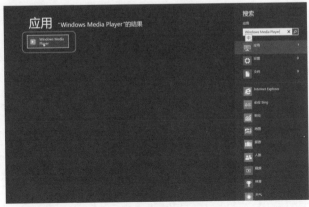

图9-9

3 即可打开Windows Media Player窗口，启动Windows Media Player，如图9-10所示。

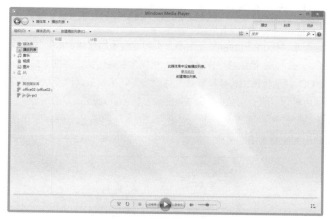

图9-10

技巧5 显示菜单栏

在默认状态下，Windows Media Player的菜单栏是隐藏的，如果要将其显示，可以通过以下方式。

1 打开Windows Media Player窗口，在菜单栏空白处单击鼠标右键，在弹出的快捷菜单中选择"显示菜单栏"命令，如图9-11所示。

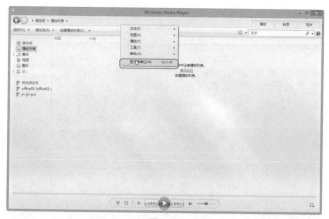

图9-11

2 即可显示菜单项目，通过菜单栏可以进行很多操作，如图9-12所示。

图9-12

技巧6 播放收藏的音乐

音乐需要通过媒体库播放才便于管理，可以通过下面介绍来播放音乐。

❶ 打开Windows Media Player窗口，在菜单栏选择"文件"→"打开"命令，如图9-13所示。

图9-13

❷ 弹出"打开"对话框，找到需要播放的音乐，单击"打开"按钮，如图9-14所示。

❸ Windows Media Player媒体库开始播放该音乐，如果需要暂停，单击下方的"暂停"按钮，如图9-15所示。

图9-14

图9-15

④ 如果需要循环播放该歌曲，单击下方的"打开重复播放"按钮，如图9-16所示。

图9-16

技巧7 播放视频

视频默认为通过正在播放模式播放，可以通过下面介绍来播放视频。

❶ 打开Windows Media Player窗口，在菜单栏选择"文件"→"打开"命令，如图9-17所示。

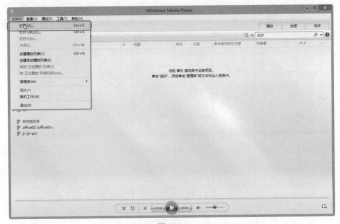

图9-17

❷ 弹出"打开"对话框，找到需要播放的视频，单击"打开"按钮，如图9-18所示。

图9-18

❸ 视频打开后默认为切换到"正在播放"界面，在屏幕下方也可以对视频进行控制，如图9-19所示。

❹ 如果需要全屏观看，单击右下方"全屏视图"按钮，如图9-20所示。

图9-19

图9-20

技巧8 创建播放列表

播放列表可以在很大程度上方便用户播放媒体文件。要想使用播放列表，首先需要新建一个播放列表。

❶ 打开Windows Media Player窗口，在菜单栏选择"文件"→"创建播放列表"命令，如图9-21所示。

图9-21

2 此时在Windows Media Player主界面左侧的"媒体库"列表框"播放列表"项下会出现一个新的列表，输入一个合适名字即可，如图9-22所示。

图9-22

技巧9 使用播放列表

新建了播放列表后，列表中的内容仍然是空的，需要用户手动添加媒体文件到创建的列表中。

1 打开Windows Media Player窗口，单击"播放列表"下的"最爱"选项，在菜单栏选择"文件"→"打开"命令，如图9-23所示。

2 弹出"打开"对话框，找到需要播放的音乐存放的位置，按Ctrl+A快捷键选中所有文件，单击"打开"按钮，如图9-24所示。

图9-23

图9-24

③ 选中所有添加的音乐，在列表中按住鼠标左键不放，拖动歌曲到新建的播放列表中，如图9-25所示。

图9-25

④ 此时播放列表创建完毕，如果需要播放该列表，双击"最爱"选项即可，如图9-26所示。

图9-26

9.3　照片查看器

技巧10　使用照片查看器查看图片

Windows 8中默认通过照片应用打开图片文件，所以需要选择打开方式才能在照片查看器中打开图片，可以通过下面的介绍来实现。

① 打开图片所在位置的文件夹，选中要打开的图片，单击鼠标右键，在弹出的菜单中选择"打开方式"→"Windows照片查看器"命令，如图9-27所示。

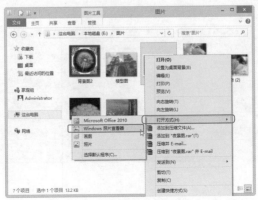

图9-27

② 即可使用照片查看器来查看图片，如图9-28所示。

图9-28

③ 如果需要查看下一张图片，单击"下一个"按钮，如图9-29所示。

图9-29

④ 如果需要缩放图片，单击"更改显示大小"下拉按钮，按住滑块进行拖动，如图9-30所示。

图9-30

⑤ 如果图片的显示方向不对，可以单击"顺时针旋转"按钮，以调整图片方向，如图9-31所示。

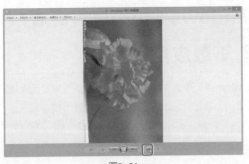

图9-31

技巧11 制作图片副本

如果用户需要制作图片副本，直接在照片查看器中为图片制作副本，并且能保证图片不损失任何细节，可以通过下面介绍来实现。

❶ 在菜单栏选择"文件"→"制作副本"命令，如图9-32所示。

图9-32

❷ 弹出"制作副本"对话框，选择需要保持文件的位置，在文本框中输入文件夹名，单击"保存"按钮，如图9-33所示。

图9-33

9.4 Windows Store应用商店

技巧12 下载应用程序

Windows Store应用商店中免费程序居多，首选需要登录微软的账号，首次登录需要先注册，上章已介绍过注册账号，这里就不做介绍了。

进入Windows Store界面，可以看到简洁大方的应用商店界面，所需的应用在不同的分类下方可以找到应用，只要鼠标点击就可查看应用的详细信息，登录Live账号之后，就可以快速下载应用。可以通过下面介绍来下载应用程序。

❶ 在"开始"屏幕任意处单击鼠标右键，在下方弹出的菜单中单击"所有应用"按钮，如图9-34所示。

图9-34

❷ 进入"应用"窗口，单击"应用商店"图标，如图9-35所示。

图9-35

❸ 进入"应用商店"首页，在"精品聚焦"分类下，单击"PPTV网络电

视"图标,如图9-36所示。

图9-36

④ 跳转到"PPTV网络电视"应用页面,可以看到应用的评分和介绍,单击"安装"按钮,如图9-37所示。

图9-37

⑤ 进入"添加Microsoft 帐户"界面,输入账号和密码,单击"保存"按钮,如图9-38所示。

图9-38

⑥ 此时,应用自动开始下载并进行安装,如图9-39所示。

图9-39

⑦ 安装完毕后，进入"应用"窗口，自动出现程序的图标，单击"PPTV
网络电视"图标就可以运行，如图9-40所示。

图9-40

⑧ 打开"PPTV网络电视"应用，如图9-41所示。

图9-41

技巧13 删除应用程序

Windows 8系统应用程序的删除，无需人工干预过程，也无需守候，只要在应用图标的快捷菜单中单击卸载命令即可将整个应用卸载。Windows 8系统的改进很大程度上是模仿了平板电脑和智能手机上的操作方式，在触摸屏下，不可能完成复杂的操作，所以带来了无需值守的应用安装方式。

1 在应用界面下，选择要卸载的应用，单击鼠标右键，在下方弹出的菜单中选择"卸载"命令，如图9-42所示。

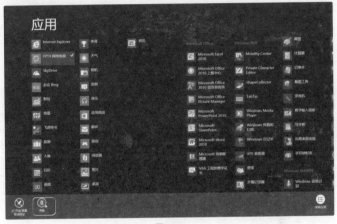

图9-42

2 在弹出的对话框中，单击"卸载"按钮，即可将应用程序删除，如图9-43所示。

图9-43

技巧14 更新应用程序

在应用商店的监测下，应用程序还可以进行统一的更新操作，让应用时刻保持在最新的状态，用户不再需要分散精力对各种软件进行单独的更新。

❶ 打开应用商店，如果查看需要更新的应用，在右上角单击"更新"选项，如图9-44所示。

图9-44

❷ 跳转到"应用更新"页面，默认勾选所有需要更新的应用，单击"安装"按钮，所有应用开始更新，如图9-45所示。

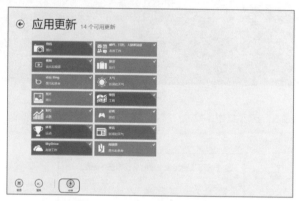

图9-45

9.5 Windows 8游戏

技巧15 宝石迷城

宝石迷成是一款锻炼眼力的宝石交换消除游戏。游戏画面会出现各种各样、不同颜色的宝石，游戏的规则就是通过交换相邻的两块宝石，使3个同一颜色的宝石连在一起，就可以消去宝石。

1 在"开始"屏幕任意处单击鼠标右键,在下方弹出的菜单中单击"所有应用"按钮,如图9-46所示。

图9-46

2 进入"应用"窗口,单击"宝石迷城"图标,如图9-47所示。

图9-47

3 打开应用,单击CLASSIC按钮,如图9-48所示。

图9-48

④ 进入经典模式游戏，选中Disable Hincs复选框，单击OK按钮开始游戏，如图9-49所示。

图9-49

⑤ 使用鼠标点击来消除宝石，玩家只需按照指示操作即可了解游戏的基本操作，如图9-50所示。

图9-50

技巧16 扫雷

扫雷是一款相当大众的小游戏，游戏目标是在最短的时间内根据点击格子出现的数字找出所有非雷格子，同时避免踩雷。

① 在"开始"屏幕任意处单击鼠标右键，在下方弹出的菜单中单击"所有应用"按钮，如图9-51所示。

② 进入"应用"窗口，单击"Metro扫雷"图标，如图9-52所示。

图9-51

图9-52

3 打开应用，在"游戏难度"栏下选择难度，在右下方输入用户名，接着单击Start Game按钮，如图9-53所示。

图9-53

④ 进入游戏，如图9-54所示。

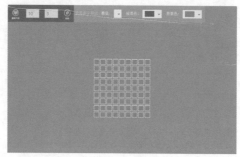

图9-54

⑤ 在判断出不是雷的方块上单击左键，可以打开该方块，如图9-55所示。

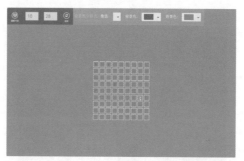

图9-55

⑥ 在判断为地雷的方块上单击右键，可以标记地雷（显示为小红旗），如图9-56所示。

图9-56

⑦ 在数字旁同时按左键和右键，相当于对数字周围未打开的方块均进行一次左键单击操作，如图9-57所示。

⑧ 若数字周围有标错的地雷，则游戏结束，如图9-58所示。

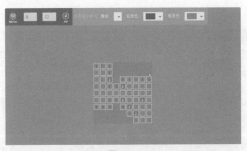

图9-57

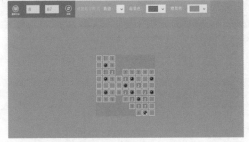

图9-58

技巧17　非常五子棋

　　五子棋是一种两人对弈的纯策略型棋类游戏，是起源于中国古代的传统黑白棋种之一。容易上手，老少皆宜，而且趣味横生，引人入胜；不仅能增强思维能力，提高智力，而且富含哲理，有助于修身养性。

　　❶ 在"开始"屏幕任意处单击鼠标右键，在下方弹出的菜单中单击"所有应用"按钮，如图9-59所示。

图9-59

❷ 进入"应用"窗口，单击"非常五子棋"图标，如图9-60所示。

图9-60

❸ 打开应用，这里选择"1个玩家"进入下一页面，如图9-61所示。

图9-61

❹ 在进入的界面中选择玩家的符号以及难度，选择完成后，单击"开始"按钮，如图9-62所示。

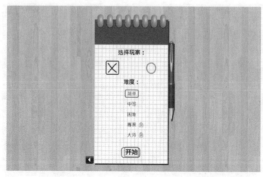

图9-62

⑤ 弹出"规则"对话框，了解规划后，单击"好"按钮，如图9-63所示。

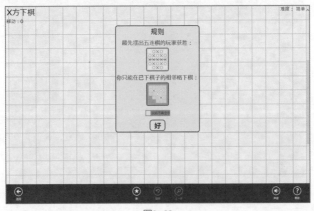

图9-63

⑥ 进入游戏，五子连成一线即赢，对方三子连成一线时，一定不要让对方放下第四颗，如图9-64所示。

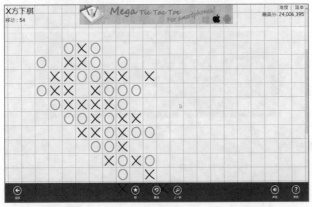

图9-64

技巧18　爱拼图HD

爱拼图HD是一款为高清美图爱好者定制的益智拼图游戏。爱拼图HD游戏图片源自《爱壁纸HD》，提供交换式、魔方式、华容道式3种不同难度的拼图玩法。

① 在"开始"屏幕任意处单击鼠标右键，在下方弹出的菜单中单击"所有应用"按钮，如图9-65所示。

图9-65

② 进入"应用"窗口，单击"爱拼图HD"图标，如图9-66所示。

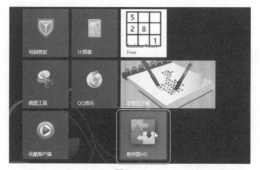

图9-66

③ 打开应用，单击默认显示的图片，即可根据出现的壁纸来完成拼图；单击右侧"随机图片"按钮，即可重新显示图片进行拼图，这里选择"随机图片"选项，如图9-67所示。

图9-67

④ 即可随机显示新的图片（如图9-68所示），单击图片即可开始进行拼图游戏。

图9-68

⑤ 进入"拼图游戏"界面，提供3种不同的游戏方式供玩家选择：交换式、魔方式、华容道式，这里选择"交换式"选项，如图9-69所示。

图9-69

⑥ 游戏开始，游戏目标是将散乱的方块拼接成完整的图片，如图9-70所示。

图9-70

⑦ 点击不同的两个图块，自动交换位置，直至拼图完成，如图9-71所示。

图9-71

技巧19 **Cut The Rope**

Cut The Rope又叫割绳子，玩家需要通过剪断绳索，让绑着的糖果掉入青蛙嘴里，难度在于必须计划好让糖果掉落的过程中吃到各种星星。

① 在"开始"屏幕任意处单击鼠标右键，在下方弹出的菜单中单击"所有应用"按钮，如图9-72所示。

图9-72

② 进入"应用"窗口，单击Cut The Rope图标，如图9-73所示。

图9-73

❸ 打开应用，单击Play按钮，开始游戏，如图9-74所示。

图9-74

❹ 屏幕进入开场动画，门口收到一个礼物，盒子里面有一只大嘴青蛙，如图9-75所示。

图9-75

❺ 开场动画结束后，选择游戏的分幕，不同分幕中出现的道具和玩法会有区别，这里选择Cardboard Box选项，如图9-76所示。

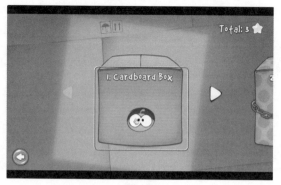

图9-76

⑥ 跳转到"关卡选择"页面，选择游戏的关卡，这里单击1选项，如图9-77所示。

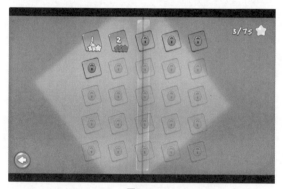

图9-77

⑦ 进入游戏，在空白处按住鼠标左键，拖动鼠标，划过绳子，如图9-78所示。

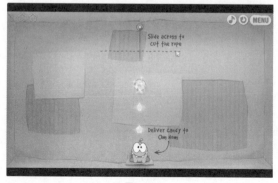

图9-78

⑧ 绳子被割断后，糖果向下掉落，接触到星星得分，最后糖果落入青蛙嘴中，即表明实现通关，如图9-79所示。

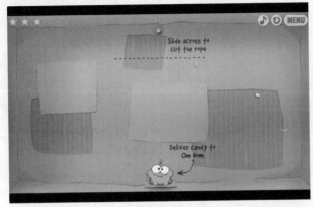

图9-79

⑨ 游戏过程中，糖果接触到的星星越多，得分越高，从一颗星到三颗星不等，单击Next按钮，可进入下一个关卡，如图9-80所示。

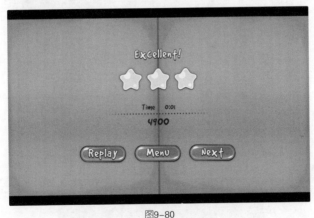

图9-80

技巧20 **Flow Bridges**

Fow Bridges是将相同颜色连接起来，同时不阻断空间，最终占满所有方格，即可通关。

❶ 在"开始"屏幕任意处单击鼠标右键，在下方弹出的菜单中单击"所有应用"按钮，如图9-81所示。

图9-81

2 进入"应用"窗口，单击Flow bridges图标，如图9-82所示。

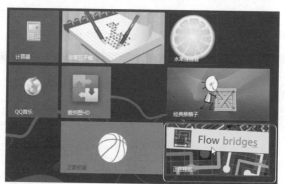

图9-82

3 打开应用，单击Play按钮，开始游戏，如图9-83所示。

图9-83

4 开始游戏，选择一种颜色的圆圈，这里单击红色圆圈，如图9-84所示。

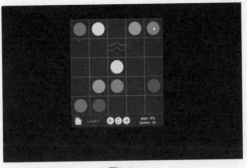

图9-84

⑤ 沿着方格边沿移动鼠标，并单击相同颜色的圆圈，相同颜色被管道连接后，可再选择另一个颜色的圆圈，如图9-85所示。

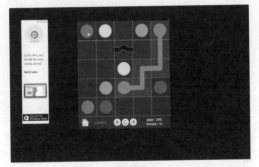

图9-85

⑥ 移动鼠标沿着方格，再单击相同颜色的圆圈，注意管道在连接的过程中虽然有许多通路，但是不能阻碍其他颜色间的连通，如图9-86所示。

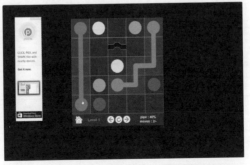

图9-86

⑦ 当所有相同的颜色都被管道连接之后，即可通关。

第 *10* 章

家庭组、共享与远程桌面的使用

10.1 家庭组的使用

技巧1 家庭组的创建

在Windows 8中,可以创建家庭组来将资源与家庭中的其他用户分享。如何创建属于自己的家庭组,可以通过以下操作来实现。

❶ 在"控制面板"窗口中,单击"网络和Internet"链接(如图10-1所示),进入"网络和Internet"窗口,如图10-2所示。

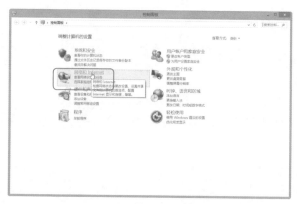

图10-1

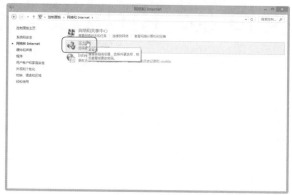

图10-2

❷ 在"网络和Internet"窗口中,单击"家庭组"链接(如图10-2所示),进入"家庭组"窗口中。

❸ 在"家庭组"窗口中,单击"创建家庭组"按钮(如图10-3所示),打开"创建家庭组"对话框,如图10-4所示。

图10-3

图10-4

④ 在"创建家庭组"对话框中，直接单击"下一步"按钮，进入"选择要共享的文件和设备，并设置权限级别"页面中，如图10-5所示。

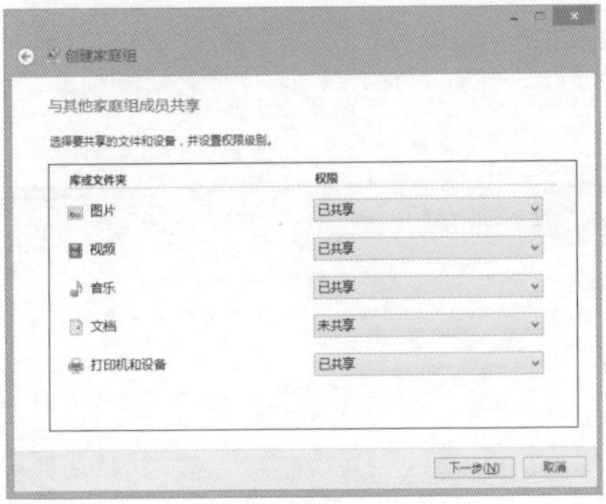

图10-5

⑤ 在页面中，可以看到"库或文件夹"右侧的权限，只有"文档"权限为"未共享"。如果也要共享"文档"，可以将权限设置为"已共享"，如图10-6所示。

图10-6

⑥ 设置完成后，单击"下一步"按钮，系统开始创建家庭组，如图10-7所示。

图10-7

⑦ 家庭组创建后，会在对话框中显示创建家庭组的"密码"，如图10-8所示。

图10-8

提　示

　　创建的家庭组密码可以发布给家庭组中的其他用户，只有使用该密码其他用户才可以加入到该家庭组中，并且可以访问家庭组共享的资源；反之，不可加入该家庭组和访问家庭组共享的资源。

⑧ 密码记住后，单击"完成"按钮，即可完成家庭组的创建，如图10-9所示。接下来只要加入到该家庭组的用户都可以访问家庭组共享的资源。

图10-9

技巧2　加入家庭组

　　如果局域网中创建了家庭组，其他局域网用户就可以加入该家庭组。如何加入到局域网中的家庭组，可以通过以下操作来实现。

❶ 在"控制面板"窗口中，单击"网络和Internet"链接，进入"网络和Internet"窗口中。单击"家庭组"链接，进入"家庭组"窗口中。

❷ 在"家庭组"窗口中，单击"立即加入"按钮（如图10-10所示），打开"加入家庭组"对话框，如图10-11所示。

图10-10

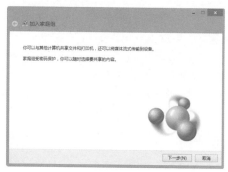

图10-11

❸ 在"加入家庭组"对话框中，直接单击"下一步"按钮，进入"选择要共享的文件和设备，并设置权限级别"页面中，如图10-12所示。

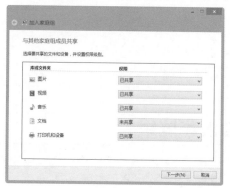

图10-12

❹ 单击"下一步"按钮，进入"键入家庭组密码"对话框中，如图10-13所示。

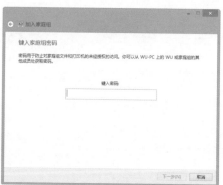

图10-13

⑤ 在"键入密码"文本框中输入该家庭组的密码（可以询问创建该家庭组用户），如图10-14所示。

图10-14

⑥ 密码正确输入后，单击"下一步"按钮，系统开始搜索并核实密码是否正确，如图10-15所示。

图10-15

⑦ 密码正确核实后，进入"您已加入该家庭组"对话框中，单击"完成"按钮即可。

技巧3 通过家庭组访问共享资源

局域网中的用户加入到家庭组中后，在打开的"这台电脑"窗口左侧的"家庭组"中可以看到创建的家庭组。用户可以通过访问该家庭组访问共享资源。如何访问家庭组中的共享资源，可以通过以下操作来实现。

① 打开"这台电脑"窗口，依次展开左侧的"家庭组"标签，即可在右侧中看到家庭组共享的资源文件夹，如图10-16所示。

图10-16

2 用户如果要访问共享的图片资源，可以在右侧中双击"图片"文件夹，即可看到共享的图片资源，如图10-17所示。

图10-17

3 如果用户需要访问其他共享资源，如视频、音乐、文档等，依次双击文件夹即可。

技巧4 更改家庭组的共享资源

在家庭组创建后，创建用户也可以根据需求来更改设置共享资源。如何更改共享资源，可以通过以下操作来实现。

1 在"控制面板"窗口中，单击"网络和Internet"链接，进入"网络和Internet"窗口中。单击"家庭组"链接，进入"家庭组"窗口中。

2 在"家庭组"窗口中，单击"更改与家庭组共享的内容"链接（如

图10-18所示），打开"更改家庭组共享设置"对话框，如图10-19所示。

图10-18

图10-19

③ 在对话框中，用户不想共享视频与文档，可以将"库或文件夹"下的"视频"权限设置为"未共享"，如图10-20所示。

图10-20

④ 利用同样的方式将"文档"权限设置为"未共享"，设置完成后，效果如图10-21所示。

图10-21

⑤ 设置完成后，单击"下一步"按钮，进入"已更新你的共享设置"页面，如图10-22所示。

图10-22

⑥ 单击"完成"按钮，完成共享资源的设置。在"家庭组"中也只能看到共享的图片与音乐文件夹，而没有视频与文档文件夹，如图10-23所示。

图10-23

技巧5 更改家庭组密码

　　在家庭组创建时会产生一个系统默认提供的密码，该密码不太方便记忆，这时用户可以将家庭组密码更改为方便记忆的字符。如何更改家庭组密码，可以通过以下操作来实现。

　　❶ 在"控制面板"窗口中，单击"网络和Internet"链接，进入"网络和Internet"窗口中。单击"家庭组"链接，进入"家庭组"窗口中。

　　❷ 在"家庭组"窗口中，单击"更改密码"链接（如图10-24所示），打开"更改家庭组密码"对话框，如图10-25所示。

图10-24

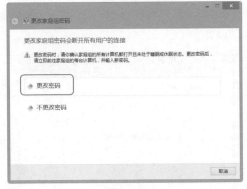

图10-25

　　❸ 在对话框中，单击"更改密码"链接，进入"键入家庭组的新密码"页面，如图10-26所示。

图10-26

④ 在"键入你自己的密码或使用以下密码"文本框中输入新密码，如home8888，如图10-27所示。

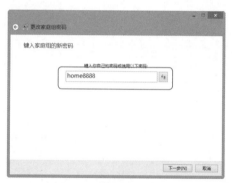

图10-27

⑤ 输入完成后，单击"下一步"按钮，系统开始根据输入的新密码来更改家庭组密码，如图10-28所示。

图10-28

6 将家庭组密码更改为输入的新密码后，进入如图10-29所示对话框。用户记住新密码，单击"完成"按钮即可。

图10-29

技巧6 针对家庭组进行高级共享设置

家庭组创建后，还可以通过"高级共享设置"功能来对家庭组的共享进行细节上的设置，如是否启用/关闭网络发现、是否启用/关闭密码保护共享等。如何通过"高级共享设置"功能来进行设置，可以通过以下操作来实现。

1 在"控制面板"窗口中，单击"网络和Internet"链接，进入"网络和Internet"窗口中。单击"家庭组"链接，进入"家庭组"窗口中。

2 在"家庭组"窗口中，单击"更改高级共享设置"链接（如图10-30所示），打开"高级共享设置"窗口中，如图10-31所示。

图10-30

第6章

第7章

第8章

第9章

第10章

图10-31

③ 在"高级共享设置"窗口中，有"专用（当前配置文件）"、"来宾或公用"和"所有网络"设置项，如图10-32所示。

图10-32

④ 如果在"来宾或公用"下启用网络发现，可以展开"来宾或公用"设置列表（如图10-33所示），将"网络发现"下的"启用网络发现"单选按钮选中，如图10-34所示。

图10-33

图10-34

⑤ 根据用户的需要，可以针对其他选项进行同样操作的设置。设置完成后，单击"保存更新"按钮即可。

技巧7 家庭组密码忘记怎么办

如果用户忘记家庭组的密码，可以通过创建家庭组的电脑来找回忘记，具体通过以下操作来实现。

① 在"控制面板"窗口中，单击"网络和Internet"链接，进入"网络和Internet"窗口中。单击"家庭组"链接，进入"家庭组"窗口中。

② 在"家庭组"页面中，单击"查看或打印家庭组密码"链接（如图10-35所示），打开"查看并打印家庭组密码"窗口，如图10-36所示。

图10-35

第6章
第7章
第8章
第9章
第10章

图10-36

3 该页面中显示了该家庭组的密码，用户记住后可以转给忘记家庭组密码的用户。或者在该页面下，单击"打印本页"按钮，将家庭组密码打印出来保存。

技巧8 通过"启用家庭组疑难解答"来解决家庭组问题

在家庭组使用过程中，如何遇到问题或者无法正常使用家庭组，用户可以通过"启用家庭组疑难解答"功能来查找或解决问题，从而让家庭组正常使用。如何使用"启用家庭组疑难解答"功能来查找或解决问题，可以通过以下操作来实现。

1 在"控制面板"窗口中，单击"网络和Internet"链接，进入"网络和Internet"窗口中。单击"家庭组"链接，进入"家庭组"窗口中。

2 在"家庭组"窗口中，单击"启动家庭组疑难解答"链接（如图10-37所示），打开"解决并帮助预防计算机问题"页面，如图10-38所示。

图10-37

图10-38

③ 单击"下一步"按钮，系统开始检测问题，如图10-39所示。

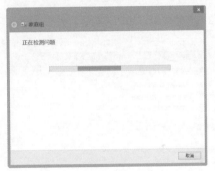

图10-39

提 示

通过检测，常见家庭组问题都能得到解决。如果解决不了，可以继续通过接下来的"网络问题疑难解答"来找到问题的解决方法。

④ 检测完成后，进入"网络问题疑难解答"页面，如图10-40所示。

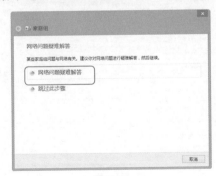

图10-40

⑤ 在"网络问题疑难解答"页面中，单击"网络问题疑难解答"链接，系统再次开始检测，如图10-41所示。

图10-41

⑥ 疑难问题网络检测后，进入"疑难解答未能确定问题"页面中，如图10-42所示。

图10-42

⑦ 单击"浏览其他选项"链接，进入"其他信息"页面中，如图10-43所示。

图10-43

8 用户在该页面中可以尝试家庭组问题的其他解决方式。

技巧9 关闭使用家庭组

家庭组创建或用户加入家庭组后，用户不想使用家庭组或者想闭关家庭组来共享资源，可以通过以下操作来实现。

1 在"控制面板"窗口中，单击"网络和Internet"链接，进入"网络和Internet"窗口中。单击"家庭组"链接，进入"家庭组"窗口中。

2 在"家庭组"窗口中，单击"离开家庭组"链接（如图10-44所示），打开"离开家庭组"对话框，如图10-45所示。

图10-44

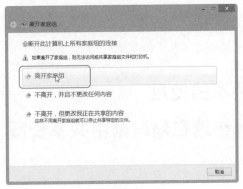

图10-45

3 单击"离开家庭组"链接，系统开始断开此计算机上所有家庭组的连接，如图10-46所示。

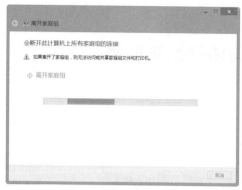

图10-46

④ 家庭组断开后，进入"你已成功离开家庭组"页面，如图10-47所示。

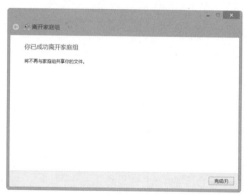

图10-47

⑤ 在对话框中，单击"下一步"按钮，即可关闭家庭组。如果用户需要使用时，再进行创建家庭组或者加入家庭组。

10.2 共享的使用

技巧10 快速在局域网中共享资源

共享功能是Windows 8非常实用的功能之一，用户不需要创建家庭组也可以通过共享功能来在局域网中共享资源。如何快速使用共享功能实现资源共享，可以通过以下操作来实现。

① 打开"这台电脑"窗口，进入需要共享的盘符或文件夹中，如共享"公司文件"下的"诺立文化"文件夹，如图10-48所示。

图10-48

② 选中"诺立文化"文件夹，在窗口左上方单击"共享"标签，展开"共享"选项卡，如图10-49所示。

图10-49

③ 在"共享"选项卡中，单击 按钮，在展开的列表中选中共享资源访问的用户，如Administrator，如图10-50所示。

图10-50

④ 选中Administrator后，即可将"诺立文化"文件夹共享在局域网中。在打开的"这台电脑"窗口左侧展开"网络"，即可看到共享的"诺立文化"文件夹，如图10-51所示。

图10-51

提 示

局域网用户访问共享"诺立文化"文件夹中的资源时，需要使用WangY用户才可以访问；反之，不可以访问。

技巧11 设置共享访问用户与权限

资源共享后，用户也可以继续为共享资源设置共享访问用户与权限，这样便于管理共享资源。如何设置共享访问用户与权限，可以通过以下操作来实现。

① 打开"这台电脑"窗口，选中"诺立文化"文件夹。在"共享"组中，单击▼按钮，在展开的列表中选中"特定用户"（如图10-52所示），打开"文件共享"对话框，如图10-53所示。

图10-52

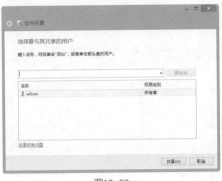

图10-53

2 在对话框中，可以在"名称"列表框中看到当前共享文件夹的访问用户为witren。可以在"键入名称，然后单击'添加'，或者单击箭头查找用户"文本框中输入添加的用户，如WangY，如图10-54所示。

图10-54

3 单击"添加"按钮，即可添加到"名称"列表中，如图10-55所示。

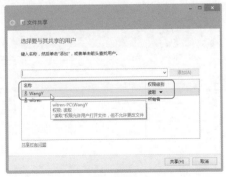

图10-55

④ 在WangY右侧单击"权限级别"下面的 读取 ▼ 按钮，展开权限设置列表，如图10-56所示。

图10-56

⑤ 如果想让WangY用户可以读取也可以写入，可以在展开的列表中选中"读取/写入"命令，如图10-57所示。

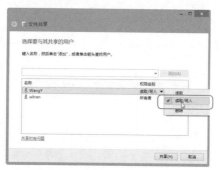

图10-57

⑥ 利用同样的方法可以添加共享资源的其他访问用户和访问权限，添加完成后，单击"共享"按钮，进入"你的文件夹已共享"页面，如图10-58所示。

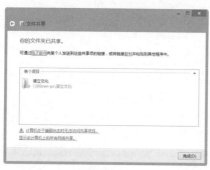

图10-58

7 可以看到"诺立文化"已经共享，单击"完成"按钮，即可完成共享资源的访问用户添加及添加访问用户的权限设置。

技巧12 高级共享设置

通过"高级共享设置"可以添加共享组或用户名，同时也可以设置各用户的权限等操作。如果使用"高级共享设置"来完成对应的设置，可以通过以下操作来学习。

1 选中共享的"诺立文化"文件夹，单击鼠标右键，在弹出的快捷菜单中选中"共享"→"高级共享"命令，如图10-59所示。

图10-59

2 打开"诺立文化（\\Witren-pc）属性"对话框，在"高级共享"栏下单击"共享"按钮（如图10-60所示），打开"高级共享"对话框，如图10-61所示。

图10-60

图10-61

❸ 在"高级共享"对话框中，如果要设置共享资源的访问用户数量（默认访问用户数量为20），可以在"将同时共享的用户数量限制为"右侧设置为指定的访问用户数量，如8，如图10-62所示。

❹ 为了便于用户了解共享文件夹中存放的资源，可以在"注释"下输入共享文件夹中的资源注释，如"公司行政文档；产品宣传资料；产品展示图片等。"，如图10-63所示。

图10-62

图10-63

提 示

在"高级共享"对话框中也可以新建共享文件夹，单击"添加"按钮，打开"新建共享"对话框。在对话框中的"共享名"、"描述"和"允许此数量的用户"文本框里输入对应内容，如图10-64所示。

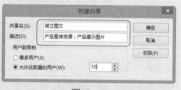

图10-64

设置完成后，单击"确定"按钮，即可新建"诺立图文"共享文件夹（如图10-65所示），只需要将共享资源复制到"诺立图文"文件夹中即可。

图10-65

5 设置完成后，单击"权限"按钮，打开"诺立文化 的权限"对话框，如图10-66所示。

6 在对话框中，可以看到"诺立文化"文件夹当前的共享用户及用户权限。如果要添加访问用户，可以单击"添加"按钮，打开"选择用户或组"对话框，如图10-67所示。

图10-66

图10-67

7 在对话框的"输入对象名称来选择"文本框中，输入添加的访问用户，如WangY，如图10-68所示。

8 输入完成后，单击"检查名称"按钮，检查本访问用户是否可用。如果可用，显示用户具体的位置与用户名，如图10-69所示。

图10-68

图10-69

9 设置完成后，单击"确定"按钮，即可将添加的WangY用户添加到"组或用户名"列表中，如图10-70所示。

10 添加的WangY用户，默认只能允许读取数据，不能对访问数据进行更改操作。如果想让WangY用户拥有更改权限，可以在"WangY的权限"列表中，选中"完全控制"和"更改"复选框，如图10-71所示。

图10-70

图10-71

⑪ 设置完成后，依次单击3次"确定"按钮，即可完成对"诺立文化"文件夹的高级共享设置。

技巧13 停止使用共享资源

当用户不想再共享资源时，可以将共享资源停用。如何要停止使用共享资源，可以通过以下操作来实现。

❶ 打开"这台电脑"窗口，选中共享的"诺立文化"文件夹。在"共享"组中，单击"停止共享"按钮（如图10-72所示），即可停用已经共享的"诺立文化"文件夹。

图10-72

② 打开"这台电脑"窗口，在左侧展开"网络"，已经看不到共享的"诺立文化"文件夹，如图10-73所示。

图10-73

10.3 远程桌面的使用

技巧14 启用远程桌面

默认Windows 8没有启用远程桌面。如果要启用远程桌面，可以通过下面的操作来实现。

① 将Windows 8切换到传统桌面中（按键盘上的Windows键进行快速切换），鼠标右键单击"这台电脑"图标，在弹出的快捷菜单中选择"属性"命令（如图10-74所示），打开"系统"窗口，如图10-75所示。

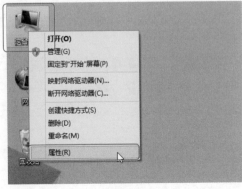

图10-74

图10-75

② 在"系统"窗口左侧单击"远程设置"链接，打开"系统属性"对话框，如图10-76所示。

③ 在"远程桌面"栏下，单击"允许远程连接到此计算机"单选按钮（如图10-77所示），会弹出提示对话框，如图10-78所示。

图10-76

图10-77

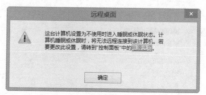

图10-78

④ 如果当前电脑设置了不同状态下的电源计划，为了保障远程桌面能顺利使用，这时就需要重新更改电源设置。单击"电源选项"链接，打开"电源选

项"窗口，图10-79所示。

图10-79

⑤ 在窗口右侧单击"更改计划设置"链接，进入"编辑计划设置"窗口，如图10-80所示。

图10-80

⑥ 在窗口中，将所有的电池计划都设置为"从不"，图10-81所示。

图10-81

⑦ 设置完成后，单击"保存修改"按钮即可。再返回到弹出的提示对话框中，依次单击2次"确定"按钮，完成远程桌面的启用。

提 示

如果用户不需要使用远程桌面时，可以单击"不允许远程连接到此计算机"单选按钮。

技巧15 设置远程协助时间

默认远程协助的时间为6小时，为了保护计算机的安全，可以根据需要设置远程协助的时间，通过下面的操作来实现。

① 将Windows 8切换到传统桌面中（按键盘上的Windows键进行快速切换），鼠标右键单击"这台电脑"图标，在弹出的快捷菜单中选择"属性"命令，打开"系统"窗口。

② 在"系统"窗口左侧单击"设置远程"链接，打开"系统属性"对话框，如图10-82所示。

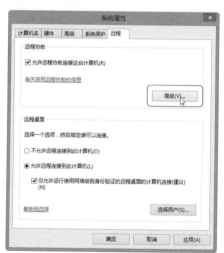

图10-82

③ 单击"高级"按钮，打开"远程协助设置"对话框，如图10-83所示。

④ 在对话框中的"邀请"栏，将默认的"6"小时，设置为用户打开的最长时间，如"2"小时，如图10-84所示。

⑤ 设置完成后，依次单击2次"确定"按钮即可。

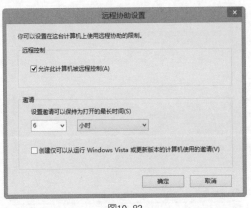

图10-83

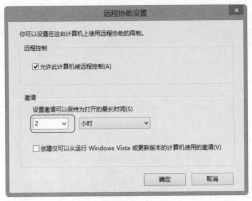

图10-84

技巧16　查找可远程桌面连接的用户

　　远程桌面启用后，用户可以查找当前网络中可以远程桌面连接的用户，通过下面的操作来实现。

　　1 将Windows 8切换到传统桌面中（按键盘上的Windows键进行快速切换），鼠标右键单击"这台电脑"图标，在弹出的快捷菜单中选择"属性"命令，打开"系统"窗口。

　　2 在"系统"窗口左侧单击"设置远程"链接，打开"系统属性"对话框。

　　3 在对话框中的"远程桌面"栏，单击"选择用户"按钮，打开"远程桌面用户"对话框，如图10-85所示。

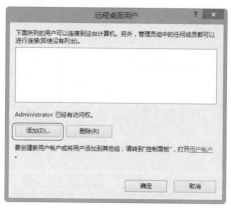

图10-85

④ 单击"添加"按钮，打开"选择用户"对话框，如图10-86所示。

图10-86

⑤ 在对话框下的"输入对象名称来选择"文本框中，输入想远程桌面连接的计算机用户名称，如图10-87所示。

图10-87

⑥ 也可以单击"高级"按钮，再单击"立即查找"按钮，自动开始搜索网络中可远程连接的计算机用户，并在"搜索结果"列表框中显示计算机用户名称，如图10-88所示。

图10-88

⑦ 查找可远程桌面连接的计算机用户名称后，依次单击4次"确定"按钮，关闭对话框即可。

技巧17 进行远程桌面连接

完成以上设置后，用户就可以进行远程桌面连接了，通过下面的操作来实现。

① 在"开始"屏幕中"应用"页面，单击"远程桌面连接"图标（如图10-89所示），打开"远程桌面连接"对话框，如图10-90所示。

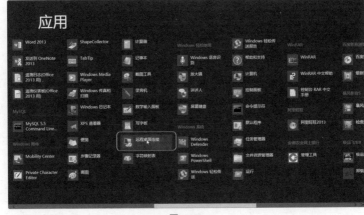

图10-89

图10-90

❷ 在"计算机"文本框中,输入连接的计算机名称,如wang-pc,如图10-91所示。

图10-91

❸ 单击"连接"按钮,此时会弹出"Windows安全"对话框,如图10-92所示。

图10-92

④ 在对话框中，输入用于连接的凭据，即远程桌面访问的密码，如图10-93所示。

⑤ 密码输入完成后，单击"确定"按钮，会弹出"远程桌面连接"提示对话框，如图10-94所示。

图10-93

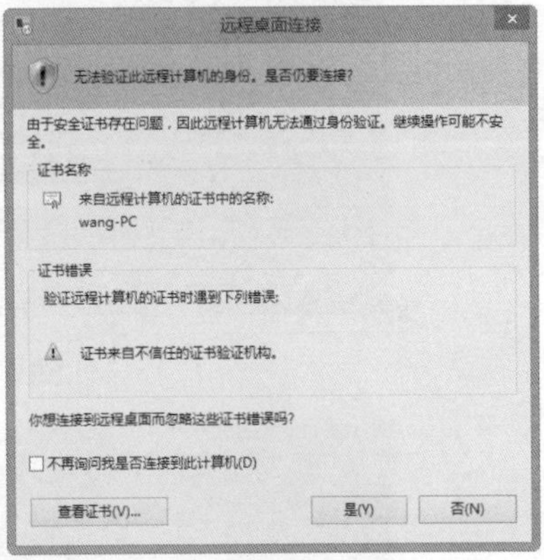

图10-94

⑥ 单击"是"按钮，开始进行远程桌面远程，连接成功后进入到"wang-pc 远程桌面连接"窗口，如图10-95所示。

图10-95

⑦ 在窗口中输入wang-pc用户的登录密码（如图10-96所示），单击 按钮或按Enter键，即可进入远程系统，如图10-97所示。

⑧ 接下来对连接的远程计算机系统进行操作，就像操作自己的电脑一样。如果结束远程桌面连接，单击窗口右上角的"关闭" 按钮，会弹出远程会话即将断开提示对话框，如图10-98所示。

图10-96

图10-97

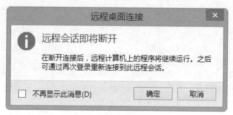

图10-98

9 在提示对话框中，单击"确定"按钮，即可断开远程桌面连接。

第 *11* 章

IE 10上网应用

11.1 IE 10基本设置与安全管理

技巧1 GPU硬件加速

所谓硬件加速，就是利用计算机模块来替代软件算法，以便充分利用计算机硬件所固有的快速、高效的特性。IE10浏览器GPU硬件加速是使用Windows的DirectX图形（应用程序的编程接口）来完成的。使用GPU硬件加速之后，可以使GPU的硬件加速功能应用到每个网页上的所有文字、图片、边框、背景、SVG的内容、HTML5视频和音频中。

1 打开IE 10浏览器，鼠标移至浏览器右上角，单击"工具"按钮，在弹出的下拉菜单中选择"Internet选项"命令，如图11-1所示。

图11-1

2 打开"Internet选项"窗口，单击"高级"选项卡，在"加速的图形"栏下取消勾选"使用软件呈现而不使用GPU呈现"复选框，然后单击"确定"按钮，即可开启GPU硬件加速功能，如图11-2所示。

图11-2

提　示

如果需要关闭硬件加速，在"加速的图形"栏下勾选"使用软件而不使用GPU加速"复选框，然后单击"确定"按钮。

技巧2　像应用程序一样启动网站

在IE 10中，可以把经常浏览的网站固定到任务栏或"开始"屏幕中，用户就可以像打开应用程序一样，快速打开想要浏览的网站。

❶ 要将网站固定到任务栏，只需要在浏览器中拖动已打开网站的选项卡到任务栏中，如要将"人民网"固定到任务栏，拖动"人民网"选项卡到任务栏即可，如图11-3所示。

图11-3

❷ 如将"新华网"网站固定到"开始"屏幕中。打开"新华网"，在菜单栏选择"工具"→"将站点添加到'开始'屏幕"命令，如图11-4所示。

图11-4

❸ 此时即可将"新华网"添加到"开始"屏幕中，如图11-5所示。

图11-5

技巧3 使用GoAgent上网浏览器代理

用户可以根据需要使用GoAgent上网浏览器代理。

❶ 打开IE10浏览器，在菜单栏选择"工具"→"Internet选项"命令，如图11-6所示。

图11-6

❷ 打开"Internet选项"对话框，再打开"连接"选项卡，单击"局域网设置"按钮，如图11-7所示。

❸ 打开"局域网（LAN）设置"对话框，在"代理服务器"栏下勾选"为LAN使用代理服务器"复选框，输入地址和端口后，单击"确定"按钮，如图11-8所示。

图11-7　　　　　　　　　　　　　　　　图11-8

④ 运行GoAgent后，使用IE即可进行代理上网。

技巧4　开启IE 10隐私浏览上网不留痕迹

在过去，要清除共享计算机上的浏览记录，唯一的方法是删除整个浏览历史记录，而这常常也会删除希望保留的历史记录。当开启IE 10浏览器的隐私浏览模式后，可在IE 10中保留任何隐私数据的同时提供了手动删除现有历史记录的几种新方法，还提供了不保留新历史记录的方法。

① 打开IE 10浏览器，单击"工具"按钮，在弹出的下拉菜单中选择"安全"→"InPrivate浏览"命令，如图11-9所示。

图11-9

② 启动"InPrivate 浏览"时，它会打开一个新窗口，如图11-10所示。在浏

览时，Internet Explorer 10 浏览器会收藏Cookie、临时文件和其他历史记录。而当关闭此浏览窗口时，将会删除所有这些信息。

图11-10

技巧5 如何以兼容视图显示某个网站

用户可以根据需要使用兼容视图显示某个网站。

❶ 打开IE 10浏览器，进入需要兼容显示的网站，单击"工具"按钮，在弹出的下拉菜单中选择"兼容性视图设置"命令，如图11-11所示。

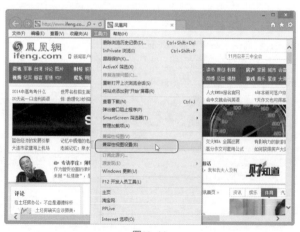

图11-11

❷ 打开"兼容性视图设置"窗口，单击"添加"按钮，将选中的网站添加到"已添加到兼容性视图中的网站"栏下，然后勾选"在兼容性视图中显示Intranet站点"复选框，如图11-12所示。

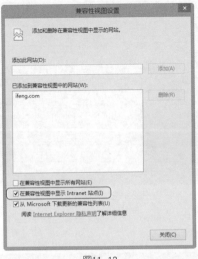

图11-12

3 设置完成后单击"关闭"按钮。

技巧6 在"开始"屏幕上恢复IE 10

IE 10 可能因意外取消固定，用户可以根据需要将其重新固定到"开始"屏幕中。

1 在屏幕右侧边缘轻扫，然后单击Search（搜索）按钮。如果正使用鼠标，指向屏幕右上角，然后单击Search（搜索）按钮，如图11-13所示。

图11-13

2 输入Internet Explorer，即可看到搜索结果，如图11-14所示。

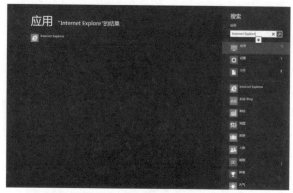

图11-14

③ 在搜索结果中，在Internet Explorer图标上向下轻扫，然后单击"固定到'开始'屏幕"，如图11-15所示。

图11-15

④ 此时即可在"开始"屏幕上恢复Internet Explore，如图11-16所示。

图11-16

技巧7　查看访问次数最多的网站

　　用户可以在历史记录中查看以前浏览过的网页，打开最近访问次数最多的网站，快速进行定位。

　　❶ 打开IE 10浏览器，单击"查看收藏夹、源和历史记录"按钮，在弹出的下拉菜单中单击"历史记录"选项，如图11-17所示。

　　❷ 在"历史记录"选项下，单击 ∨ 按钮，在弹出的下拉菜单中选择"按访问次数查看"命令，如图11-18所示。

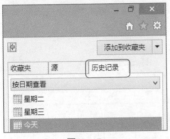

图11-17

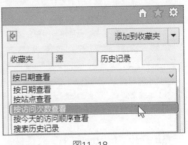

图11-18

　　❸ 此时列表中的网站就按访问次数排序，根据需要单击列表最上方的网页即可，如图11-19所示。

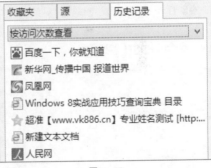

图11-19

> 提　示
>
> 　　用户可以根据需要选择按日期查看、按站点查看、按今天的访问顺序查看和搜索历史记录，快速定位到以前打开的网站。

技巧8　启用快速导航选项卡方便网页的切换

　　快速导航选项卡提供所有打开的选项卡的缩微视图，在打开多个网页时，每个网页都会在一个单独的选项卡上显示，这些选项卡方便用户在打开的网站之间进行切换。

①打开IE 10浏览器，单击"工具"按钮，在弹出下拉菜单中选择"Internet选项"命令，如图11-20所示。

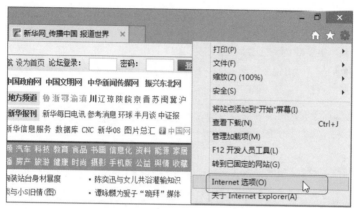

图 11-20

②打开"Internet选项"对话框，在"选项卡"栏目下单击"选项卡"按钮，如图11-21所示。

③打开"选项卡浏览设置"对话框，勾选"启用快速导航选项卡"复选框。单击"打开新选卡后，打开"下拉按钮，在弹出的下拉菜单中选择"新选项卡页"命令，如图11-22所示。

图 11-21

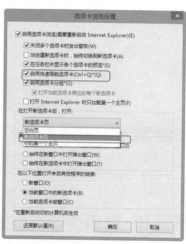

图 11-22

④单击"确定"按钮后，打开多个网页，效果如图11-23所示。

图 11-23

技巧9　自由设置网页的显示比例

在浏览网页时，用户由于不小心操作有可能会导致浏览网页时出现了字体变大或变小等现象，使用不便。当出现这种情况时，用户可以根据需要对网页的显示比例进行放大或缩小。

❶ 打开IE 10浏览器，单击"工具"按钮，在弹出下拉菜单中单击"缩放"→"150%"命令，如图11-24所示。

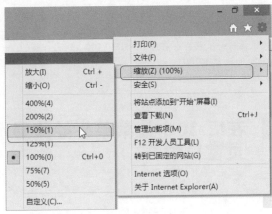

图 11-24

❷ 此时即可看到网页放大到150%，如图11-25所示。

图 11-25

❸ 或者单击"工具"按钮，在下拉菜单中单击"缩放"→"自定义"命令，打开"自定义缩放"对话框。在"缩放百分比"后输入具体数值，如输入400，单击"确定"按钮即可，如图11-26所示。

图 11-26

提示

按Ctrl+-快捷键一次可将当前页面缩小10/100，反之，按Ctrl++快捷键一次可以将当前页面放大10/100。

Ctrl+-快捷键中的-指的是减号，Ctrl++快捷键中的+指的是加号。

技巧10 在IE 10中让菜单栏始终显示在网页窗口中

默认情况下，IE 10是不显示菜单栏的。为了方便使用，可以通过设置使菜单栏始终显示在浏览器中。

❶ 打开IE 10浏览器，在浏览器顶端右击鼠标，在弹出的快捷菜单中选择"菜单栏"命令，如图11-27所示。

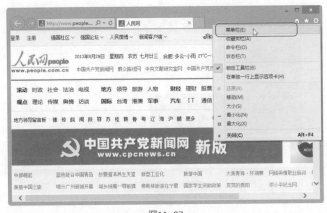

图11-27

❷ 此时IE 10浏览器中将显示菜单栏，如图11-28所示。

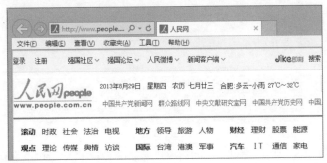

图11-28

提　示

通过Alt键也可以显示菜单栏。

技巧11　一次性保存网页中的所有图片

　　在浏览网页时，网页中经常会遇到很多漂亮的图片，如果一张一张地保存，不但麻烦，也耽误时间。用户可以一次性将网页中的所有图片保存下来。

　　❶ 在IE 10浏览器中打开图片所在的网页，单击"工具"按钮，在弹出的下拉菜单中选择"文件"→"另存为"命令，如图11-29所示。

　　❷ 打开"保存网页"对话框，在"保存类型"下拉列表中选择"网页，全部（*.htm;*.html）"选项，然后设置文件名和保存路径，如图11-30所示。

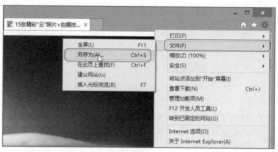

图11-29

图11-30

③ 单击"保存"按钮，开始保存网页。保存完成后，在设置的保存路径下会生成一个文件夹和一个网页文件。打开这个文件夹，单击右下角的"使用大缩略图显示项"按钮，即可查看图片，如图11-31所示。

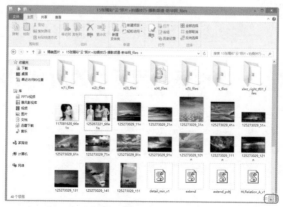

图11-31

④ 选中需要的图片，将这些图片复制到合适的位置保存，或者将该文件夹中的其他内容删除，只保留需要的图片。

技巧12　快速收藏多个网页

用户可以根据需要在打开多个网页后，一次性将网页收藏在指定的收藏夹中。

❶ 启动IE 10浏览器，同时打开多个页面，单击左上角的"查看收藏夹、源和历史记录"按钮，在弹出的下拉菜单中单击"添加到收藏夹"下拉按钮，在弹出的下拉菜单中选择"将当前所有的网页添加到收藏夹（T）"命令，如图11-32所示。

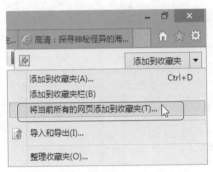

图11-32

❷ 打开"将所有网页添加到收藏夹"对话框，在"文件夹名（F）"文本框中输入"国外 趣闻"，单击"添加"按钮即可，如图11-33所示。

❸ 单击"查看收藏夹、源和历史记录"按钮，在弹出的下拉菜单中单价"国外 趣闻"文件夹，即可查看收藏的网页，图11-34所示。

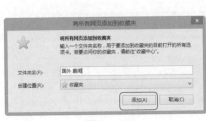

图11-33

图11-34

技巧13 同时设置多个默认主页

用户可以根据需要对IE浏览器进行设置，在启动浏览器时同时打开多个默认主页，不需要重新输入网址。

❶ 打开IE 10浏览器，单击"工具"按钮，在弹出的下拉菜单中选择"Internet选项"命令，如图11-35所示。

❷ 打开"Internet选项"对话框，在"主页"栏下输入多个默认主页的网址，如图11-36所示，单击"确定"按钮即可。

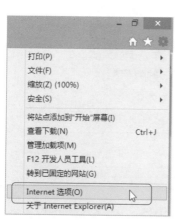

图11-35

图11-36

❸ 重新启动IE浏览器，设置多个默认主页后的效果，如图11-37所示。

图11-37

技巧14 查看网页时禁止弹出页面广告

上网浏览时最扫兴的就是到处浮动的广告了，有时候关闭不成还弹出新的广告页面。通过本技巧可以对广告页面进行过滤，阻止其弹出。

❶ 打开IE 10浏览器，单击"工具"按钮，在弹出的下拉菜单中选择"Internet选项"命令，如图11-38所示。

❷ 打开"Internet选项"对话框，再打开"隐私"选项卡，在"弹出窗口阻止程序"栏下勾选"启用弹出窗口阻止程序"复选框，然后单击"确定"按钮即可，如图11-39所示。

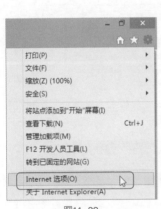

图11-38

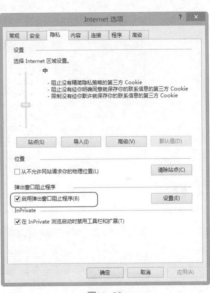

图11-39

技巧15 使用SmartScreen筛选器检查网站的安全性

SmartScreen 筛选器是IE中的一种帮助检测仿冒网站的功能。SmartScreen 筛选器还可以帮助阻止安装恶意软件，恶意软件是指表现出非法、病毒性、欺骗性和恶意行为的程序。

❶ 打开IE 10浏览器，单击"工具"按钮，选择"安全"→"检查此网站"命令，如图11-40所示。

图11-40

❷ 打开"SmartScreen筛选器"窗口，单击"确定"按钮后，SmartScreen筛选器开始检查此网站，如图11-41所示。

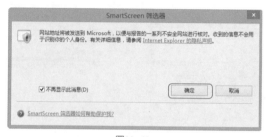

图11-41

❸ 检查完成后，会将检查结果报告如下，然后单击"确定"按钮，如图11-42所示。

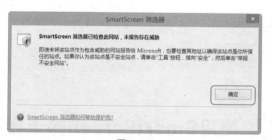

图11-42

技巧16 开启跟踪保护设置以保障个人隐私

在日常访问网站时，有些访问信息可能会提供给内容提供商，这样可能会涉及个人隐私。跟踪保护是浏览器厂商为了使用户访问网站时，用户的个人隐私不被泄露，通过访问控制列表的方式，所提供的一种安全浏览机制，是InPrivate

浏览（隐私保护）的一个延伸，默认情况下是关闭的。通过本技巧，用户能轻松添加跟踪保护清单，保护个人隐私。

① 打开IE 10浏览器，单击"工具"按钮，在下拉菜单中选择"安全"→"跟踪保护"命令，如图11-43所示。

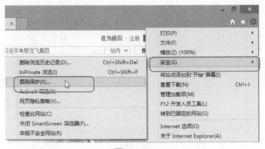

图11-43

② 打开"管理加载项"对话框，选中"您的个人列表"，单击"启用"按钮即可，如图11-44所示。

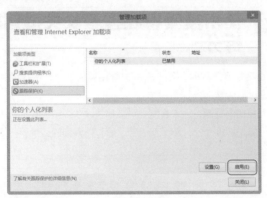

图11-44

③ 在"管理加载项"对话框中单击"设置"按钮，打开"个人化跟踪保护列表"对话框，勾选"选择要阻止或允许的内容（S）"复选框，如图11-45所示。

④ 选中需要设置的网站，单击"允许"或"阻止"按钮，然后单击"确定"按钮即可。

提 示

　需要注意的是，用户设置在阻止内容时，可能会造成部分网站无法访问。

图11-45

11.2　IE 10网上冲浪

技巧17 **使用搜索符在搜索长关键词时不被拆分**

在使用百度搜索资源时，如果输入的查询词很长，百度在经过分析后，给出的搜索结果可能会被拆分。

❶ 打开IE 10浏览器，进入百度主页，如搜索"山东大学"，不加双引号，搜索的结果可能是被拆分的，加上双引号之后，搜索到的结果就符合要求了，如图11-46所示。

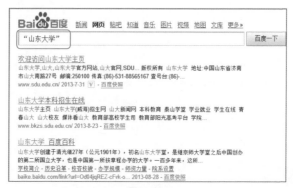

图11-46

❷ 书名号是百度独有的一个特殊查询语法，在其他搜索引擎中，书名号会

被忽略，而在百度，中文书名号是可被查询的。如查询"大海"，不加书名号，搜索的内容包含各个方面，加上书名号，《大海》的搜索结果主要是音乐方面，如图11-47所示。

图11-47

提 示

加上书名号的查询词，有两层特殊功能，一是书名号会出现在搜索结果中；二是被书名号扩起来的内容，不会被拆分。

技巧18 使用"–"缩小搜索范围

在使用百度搜索网络资源时，网页会弹出大量内容，其中很多是不需要的，过多的搜索结果反而让人无所适从，在选择时浪费不少时间。用户可以根据需要缩小搜索范围，排除无关的资料，快速定位到需要的内容。

打开IE 10浏览器，进入百度主页，在搜索文本框中输入"水浒传 -电视剧"，单击"百度一下"按钮，即可看到搜索结果，如图11-48所示。

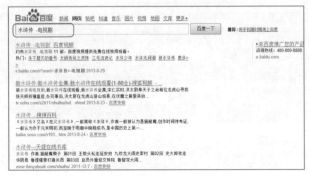

图11-48

> **提 示**
>
> 在搜索时使用"-"功能，可以有目的地删除某些无关网页，但在减号之前必须留一空格。前一个关键词和减号之间必须有空格，否则减号会被当成连字符处理，而失去减号语法功能。

技巧19 筛选出同一类颜色的图片

在搜索图片时，可以先搜索某一类颜色的图片，然后再从中进行选择。

❶打开IE 10浏览器，进入百度搜索引擎，单击"图片"选项，然后在搜索文本框中输入要搜索的图片，如输入"丽江"，单击"百度一下"按钮，在打开的搜索结果中，单击右侧的"全部颜色"按钮，展开窗格颜色选择，如选择"蓝色"，如图11-49所示。

图11-49

❷此时页面中的搜索结果就变为蓝色，如图11-50所示。

图11-50

技巧20　"即刻"看新闻

即刻搜索是人民搜索网络股份公司于2011年6月20日推出的通用搜索引擎平台。

1 打开IE 10浏览器，在地址栏输入www.jike.com，按Enter键，进入"即可搜索"主页，在搜索文本框中输入"奥巴马"，然后单击"新闻"链接，如图11-51所示。

图11-51

2 此时即可搜索出有关奥巴马的新闻，如图11-52所示。

图11-52

3 单击相应的链接即可打开进行查看，如图11-53所示。

图11-53

技巧21 足不出户去"旅游"

SOSO街景地图是一项全景服务,只要坐在电脑前就可以看到街景上的真实景像,让您足不出户却拥有身临其境的感受。

① 打开IE 10浏览器,进入SOSO主页中,在"搜索"文本框中输入"街景地图",按Enter键,在搜索结果中单击"SOSO街景地图-足不出户看天下"链接,如图11-54所示。

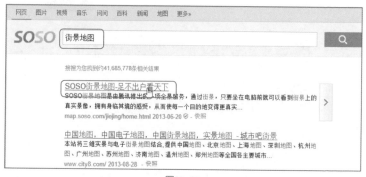

图11-54

② 此时即可进入SOSO街景地图页面,选择喜欢的景点,如"崂山景区",如图11-55所示。

③ 单击鼠标即可进入,然后在右下角的平面图中选择具体位置,如选择"飞凤崖",单击即可,如图11-56所示。

图11-55

图11-56

④ 此时街景就切换到飞凤崖，用户就可以观看这里的风景了，如图11-57所示。

图11-57

技巧22 到厦门看鼓浪屿

通过街景地图可以实现在电脑上到任意城市旅游，放松心情。

❶ 打开IE 10浏览器，进入SOSO街景地图页面，打开"街景城市"选项卡，然后选择城市，如在左侧单击"厦门"，此时页面中会自动出现有关厦门的著名景点，如图11-58所示。

图11-58

❷ 如选择"鼓浪屿"，单击鼠标，此时页面左侧会出现鼓浪屿的景点价格、开放时间和地点介绍等信息，右下角会出现"鼓浪屿全景图"，如图11-59所示。

图11-59

> **提　示**
>
> 通过街景地图可以提前欣赏景区的风景，了解景区的状况，然后根据需要决定是否到具体景区旅游。

技巧23　动漫资源搜索

用户可以通过"一搜"网站快速搜索出自己喜欢的动漫资源。

❶ 打开IE 10浏览器，在地址栏输入www.yisou.com，按Enter键，进入"一搜"主页，打开"动漫"选项卡，选择动漫资源，如图11-60所示。

图11-60

❷ 选择想要收看的短片，如单击"熊出没之森林总动员"选项，即可打开对应的资源信息，如图11-61所示。

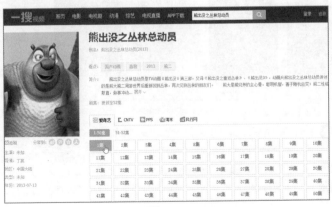

图11-61

❸ 单击"1集"链接，等待缓冲后即可开始收看，如图11-62所示。

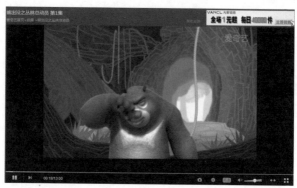

图11-62

技巧24 收看电视直播

通过网络可以快速收看电视直播，不用守在电视机旁也可以观看到喜欢的电视节目。

❶ 打开IE 10浏览器，进入"一搜"主页中，单击"电视直播"链接，如图11-63所示。

图11-63

❷ 在打开的页面中选择电视台，如"深圳卫视"，鼠标移动到相应的链接处，可预览正在播放的节目，如图11-64所示。

❸ 单击等待缓冲后即可开始观看，如图11-65所示。

❹ 用户还可以单击"节目单"链接，查看各电视台正在播放的节目，然后根据需要进行选择，如图11-66所示。

图11-64

图11-65

图11-66

技巧25 通过"直播吧"看体育比赛

用户可以通过"直播吧"看最新的体育赛事。

❶ 打开IE 10浏览器，在IE地址栏输入www.zhibo8.com，按Enter键，进入"直播吧"主页，如图11-67所示。

图11-67

❷ 向下拖动滚动条，选择最新的比赛，在链接处单击，如图11-68所示。

图11-68

技巧26 通过"98足球网"看足球录像

如果用户因为上班或夜间休息期间错过观看直播，可以在下班之后抽时间收看赛事录像。

❶ 打开IE 10浏览器，在IE地址栏输入www.98zhibo.com，按Enter键，进入"98足球网"主页，单击"足球录像"选项，如图11-69所示。

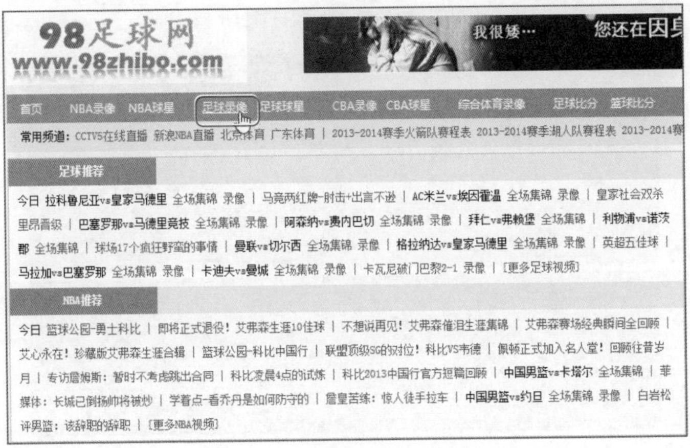

图11-69

② 在打开的页面中，选择需要收看的足球赛事，单击其后的"录像直播"链接，如选择"8月29日西超级杯 巴塞罗那VS马德里竞技 录像直播"，如图11-70所示。

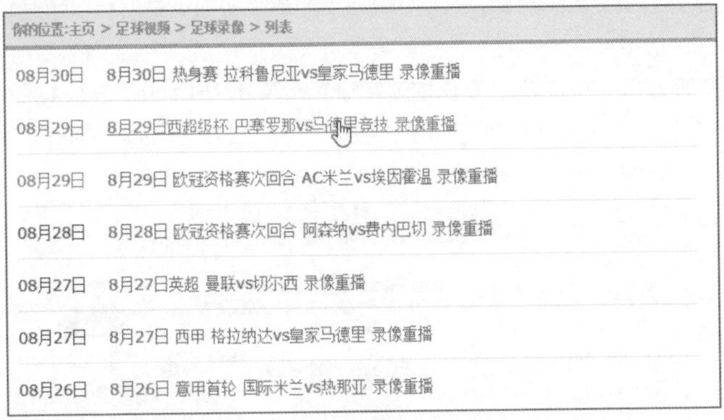

图11-70

③ 在弹出的页面中进行选择，如选择"上半场录像"，如图11-71所示。

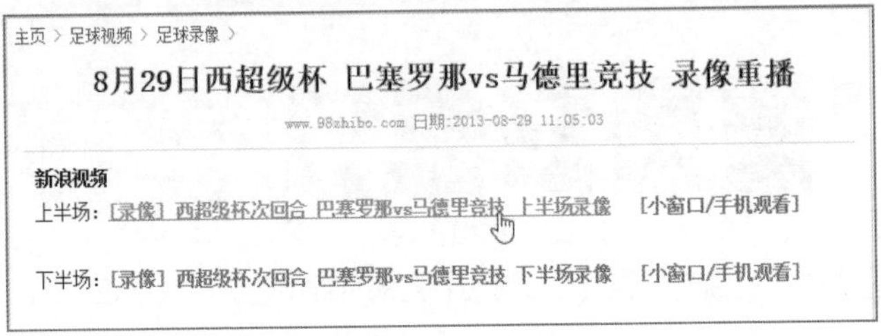

图11-71

④ 单击后等待缓冲即可进行观看，如图11-72所示。

图11-72

技巧27 在"161电影网"收看最新电影

如果想收看最新的电影，又不想花钱到电影院去看，这时可以通过161电影网收看最新的电影。

① 打开IE 10浏览器，在IE地址栏输入www.dy161.com，按Enter键，打开"161电影网"主页，在页面右侧的"电影"栏下进行选择，如图11-73所示。

图11-73

② 如单击"脱轨"链接，此时在打开的页面中选择播放地址，在红色链接处单击播放地址，如图11-74所示。

图11-74

技巧28 进入音乐网站听歌休闲

　　提供在线音乐服务的网站很多，在搜索引擎网店中以"在线听歌"、"在线听"等关键字进行搜索，可以找到很多能在线听歌的网店。本技巧以"一听音乐"为例进行介绍。

　　❶ 打开IE 10浏览器，在"地址栏"输入www.1ting.com，按Enter键，打开首页，如图11-75所示。

图11-75

　　❷ 页面中根据歌手和歌曲的类型提供了多种类目，可以依次进入找到自己想听的歌曲。在列表中可以选中多首歌曲前面的复选框，如图11-76所示。

图11-76

❸ 单击"播放"按钮，即可在打开的页面中依次播放选中的音乐，同时窗口右边会同时显示歌词，如图11-77所示。

图11-77

技巧29 在4399小游戏中搜索

4399游戏网站中包含了非常多的小游戏，可以进入主页面中随意点击试玩小游戏，也可以搜索指定的游戏。

❶ 打开IE 10浏览器，在IE地址栏输入www.4399.com，按Enter键，进入4399小游戏主页，选择喜欢的游戏，如图11-78所示。

图11-78

2 比如很多人喜欢玩三国游戏，可以在搜索框中输入"三国"，单击"搜索"按钮即可得出所有相关的游戏，如图11-79所示。

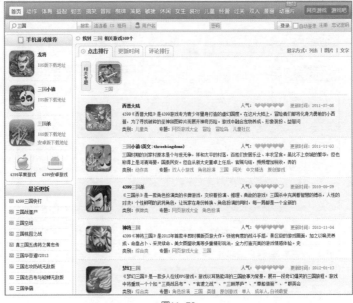

图11-79

技巧30 彩票开奖信息查询

喜欢购买彩票的人需要随时关注彩票的开奖信息，通过本技巧可以搜索彩票的开奖信息。

❶ 打开IE 10浏览器，在地址栏输入www.baidu.com，进入百度首页，在搜索引擎的文本框中输入"彩票信息"，按Enter键，如图11-80所示。

图11-80

❷ 如果想查看更多的信息，在网页中单击"更多开奖查询"链接即可，如图11-81所示。

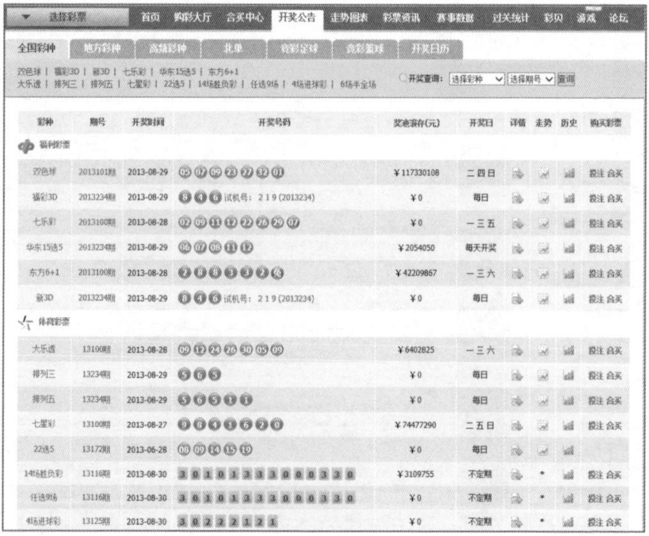

图11-81

技巧31 登录安徽移动网上营业厅

通过本技巧可以登录网上营业厅，为手机充值、业务办理等做好准备。

❶ 打开IE 10浏览器，在地址栏输入www.10086.cn/ah，按Enter键，即可进入主页，单击"请登录"链接，如图11-82所示。

图11-82

❷ 在弹出的页面中输入手机号码，选择登录模式，获取验证码并填入后，单击"登录"按钮，如图11-83所示。

图11-83

❸ 此时即可实现登录，鼠标移动到"网上营业厅"链接，根据需要选择要办理的业务，如图11-84所示。

图11-84

技巧32 使用银行卡为固定电话充值

通过本技巧可以为家庭的固定电话交费，而不需要到营业厅排队办理，节约时间。

❶ 打开IE 10浏览器，进入中国电信网上营业厅，在右侧窗格中打开"固话"选项卡，输入电话号码，选择"充值方式"，如单击"银行卡"单选按钮，如图11-85所示。

图11-85

❷ 单击"立即充值"按钮，在"输入充值信息"选项卡填写充值号码、充值金额等信息，如图11-86所示。

图11-86

③ 单击"下一步"按钮，此时页面中会弹出如图11-87所示提示信息，单击"确认"按钮。

图11-87

④ 在打开的页面中选择支付方式，即选择开通的网上银行，如选择"中国工商银行"，单击"下一步"按钮，如图11-88所示。依次按提示完成支付即可。

图11-88

技巧33　使用网银缴纳水费、煤费、电费

　　用户可以通过网银快速缴纳水费、煤费和电费，不需要到专门的营业点去缴纳，既能节省时间，又能给用户带来很大方便。本技巧以在中国建设银行上缴纳电费为例进行介绍。

① 打开IE 10浏览器，进入中国建设银行主页，在左侧窗格中单击"个人网上银行登录"按钮，如图11-89所示。

② 打开网银登录界面，输入证件号码、登录密码和附加码后单击"登录"按钮，如图11-90所示。

图11-89

图11-90

❸ 成功登录网银后，打开"缴费支付"选项卡，然后单击"缴费支付"链接，如图11-91所示。

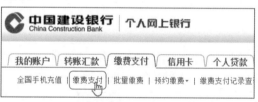

图11-91

❹ 在"缴费支付"页面中选择缴费单位所在地区、缴费支付类别项目和收费单位，选择缴费支付内容后在"合同号"后的文本框中输入合同号，如图11-92所示。

图11-92

❺ 单击"下一步"按钮，根据页面中的提示完成缴费。

技巧34　在京东商城购物

京东商城拥有全国超过1亿注册用户，近万家供应商，在线销售家电、数码通讯、电脑、家居百货、服装服饰、母婴、图书、食品等12大类数万个品牌、百万种优质商品，日订单处理量超过50万单，网站日均PV超过1亿，用户可以通过京东商城购买自己需要的商品。

❶ 打开IE 10浏览器，浏览器的地址栏中输入www.jd.com，按Enter键，进入"京东商城"首页，鼠标移至左侧"全部商品分类"下进行选择，如在"电脑、办公"栏下选择"平板电脑"选项，如图11-93所示。

图11-93

❷ 进入"平板电报 商品筛选"页面，根据需要对品牌、价格、尺寸等进行选择，如图11-94所示。

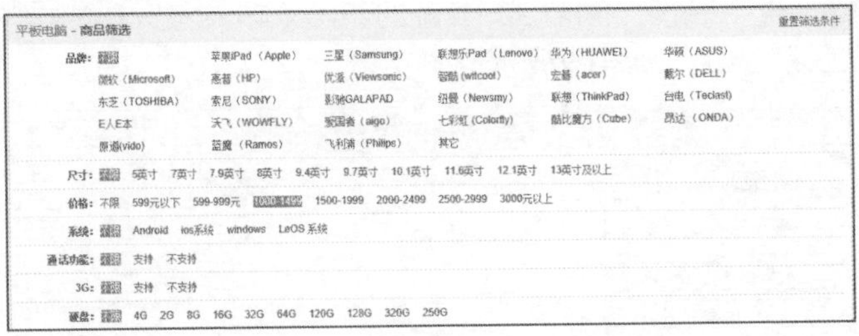

图11-94

❸ 此时页面会出现筛选结果，选择需要购买的商品，在对应处单击，如图11-95所示。

❹ 此时网页会显示产品详细信息，单击"加入购物车"按钮，进入购物车进行结算，如图11-96所示。

图11-95

图11-96

5 单击"去结算"按钮，此时页面会弹出登录窗口，输入账户名和密码后单击"登录"按钮，如图11-97所示。

图11-97

⑥ 然后在打开的页面中填写收货人信息，继续填写支付及配送方式、发票信息等，完成后单击"提交订单"按钮，，如图11-98所示。

图11-98

⑦ 完成后进入支付窗口，选择支付方式，如选择"招商银行"，完成支付即可，如图11-99所示。

图11-99

技巧35 网上预订入住酒店

对于经常出差的朋友，在到目的地前，预订好酒店非常必要。本技巧以在艺龙网上预订酒店为例，介绍网上酒店预订。

① 打开IE 10浏览器，在地址栏中输入www.elong.com，按Enter键，进入艺龙网主页，在左侧窗口选择"目的地"，如"南京"，然后选择"入住日期"和"退房日期"，完成后单击"搜索"按钮，如图11-100所示。

图11-100

❷ 此时会弹出搜索结果，在其中进行选择，也可以勾选星级、房价、位置、设置和品牌下的选项，缩小搜索范围，如图11-101所示。

图11-101

❸ 在搜索结果中选择酒店，单击"查看"按钮，如图11-102所示。

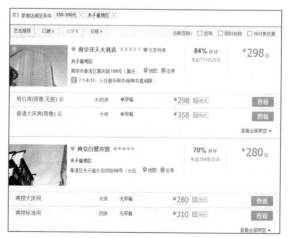

图11-102

④ 此时会弹出该酒店的详细信息，选择房型，单击"预订"按钮，如图11-103所示。

图11-103

⑤ 此时在弹出的"填写订单信息"页面中填写相应信息，如图11-104所示。

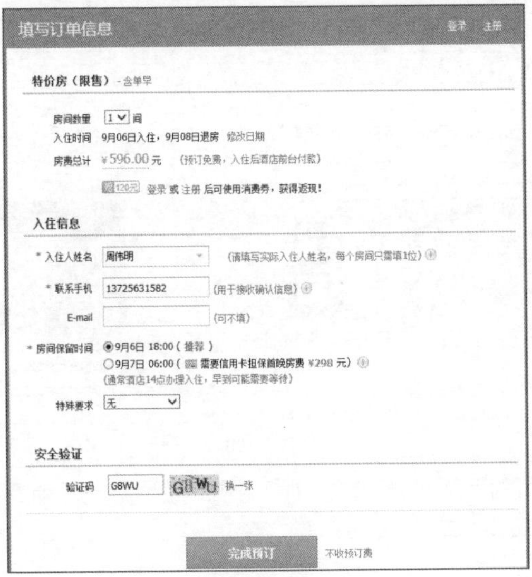

图11-104

⑥ 完成后单击"完成预订"按钮，此时会显示提交成功。也可以单击"查看订单"按钮，查看订单信息，如图11-105所示。

图11-105

技巧36 在拉手网进行团购

拉手网是中国内地最大的团购网站之一，每天推出一款超低价精品团购，使参加团购的用户以极具诱惑力的折扣价格享受优质服务。

❶ 打开IE 10浏览器，在地址栏输入www.lashou.com，按Enter键，进入"拉手网"主页，打开"电影KTV"选项卡，如图11-106所示。

图11-106

❷ 在打开的页面中进行选择，再在对应的栏下单击"去看看"按钮，开始参与团购，如图11-107所示。

提 示

在团购网站中进行团购时，用户需要及时关注网页中提示的团购时间，以免错过团购时机。

图11-107

技巧37 通过天猫商城购物

淘宝购物目前越来越流行，本技巧以在天猫商城购买音响为例介绍网络购物。

1 打开IE 10浏览器，在地址栏输入www.tmall.com，按Enter键进入天猫页面，在左侧窗格"所有商品分类"下选择需要购买的商品。如要购买音响，鼠标移至"家用电器"选项，网页中会自动出现各种选项，在"影音电器"下单击"组合音响"超链接，如图11-108所示。

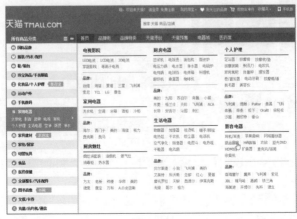

图11-108

2 网页中会显示相关的商品信息，可以根据自己的需要，单击想要购买商品的图片链接或名称链接，进入卖家页面中查看详细信息以及与卖家交流。如果没有发现想要的商品，可以单击页面下方的"下一页"按钮继续查看，选择其中一款商品，如图11-109所示。

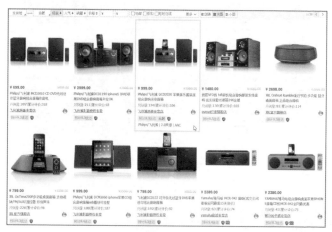

图11-109

3 打开的网页中除包括商品价格、数量等信息外，在"商品详情"中包含产品参数，还可以查看"累计评价"、"月成交记录"、"服务质量"等信息。当商品满足要求时，单击"立即购买"按钮，，如图11-110所示。

图11-110

4 此时会弹出登录界面，输入淘宝账户名和密码，单击"登录"按钮，如图11-111所示。

5 完成登录后，然后填写收货地址、联系方式，完成后确认订单信息，然后单击"提交订单"按钮，如图11-112所示。

图11-111

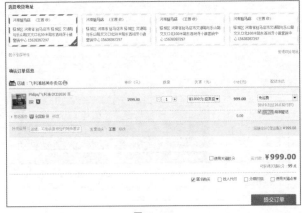

图11-112

⑥ 此时会进入支付页面，根据页面中的提示进行操作，完成支付即可，如图11-113所示。

图11-113

> 💡 **提 示**
>
> 通过淘宝购物时，要注意填写准确的收货地址和联系方式。

技巧38 购买付邮试用商品

付邮试用商品是一个热门话题，顾名意义，就是只付邮费就可以获得商品，在这里可以淘到很多超值商品。

❶ 打开IE 10浏览器，进入淘宝网主页，在"淘宝服务"栏中单击"试用中心"链接，即可进入"淘宝试用"页面，如图11-114所示。

图11-114

❷ 在"试用品分类"下可以选择分类，或打开页面上方的选项卡，如打开"付邮试用"选项卡，打开页面如图11-115所示。

图11-115

❸ 此页面下分别显示了各种付邮试用的产品，单击"付邮领取"按钮即可进入卖家店铺购买，如图11-116所示。

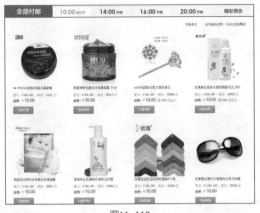

图11-116

技巧39 淘九块九的小幸福

九块九邮与淘宝付邮试用商品意思相近，就是网站中提供了很多九块九或十九块九包邮的产品，在这里可以淘到很多特惠产品。而且遇到节日时，会有非常多超值商品以供选购。

❶ 打开IE 10浏览器，在地址栏中输入www.jiukuaiyou.com，按Enter键即可进入九块邮网站中，如图11-117所示。

图11-117

❷ 在该页中可以依次向下浏览并向后依次翻页，找到自己需要的商品后，单击"去抢购"按钮即可进入商家页面购买。

③ 打开"十九块九"选项卡可以查看十九块九包邮的商品；打开"卷皮折扣"选项卡，可以查看很多较低折扣的商品，如图11-118所示。

图11-118

> **提 示**
>
> 首次使用"九块邮"网站时，需要先进行注册。在页面的左上角单击"免费注册"链接，即可进入"新用户注册"页面中，按要求填入相关信息，逐步完成注册即可。

第 *12* 章

Skype与 SkyDrive的使用

12.1 Skype的使用

技巧1 注册Skype账号并登录

　　Skype是一款网络即时语音沟通工具，中文名字为"讯佳普"，有"普及又好用的通讯软件"之意，具备IM所需的功能，比如视频聊天、多人语音会议、多人聊天、传送文件、文字聊天等功能。它可以清晰地与其他用户语音对话，也可以拨打国内国际电话。登录Skype之前先要注册账号。

　　❶ 安装好Skype后，打开Skype登录窗口，单击"创建帐户"按钮，如图12-1所示。

图12-1

　　❷ 此时会自动链接到网页，打开"创建帐号"选项卡，输入姓名和登录的邮件地址，如图12-2所示。在网页中根据要求填写注册信息，包括出生日期、性别、国家/地区等个人资料信息。

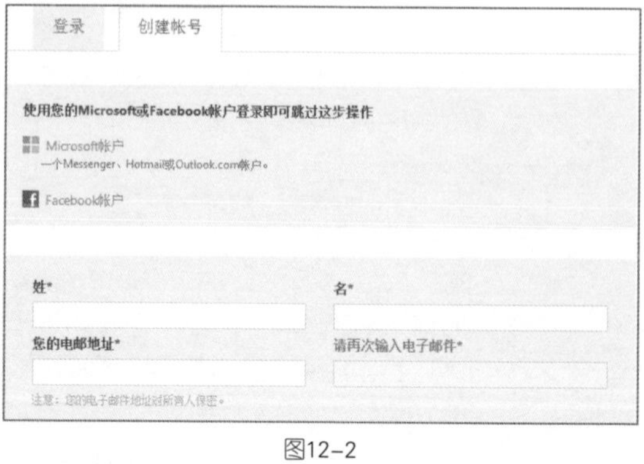

图12-2

3 注册Skype用户名并设置密码，如图12-3所示。

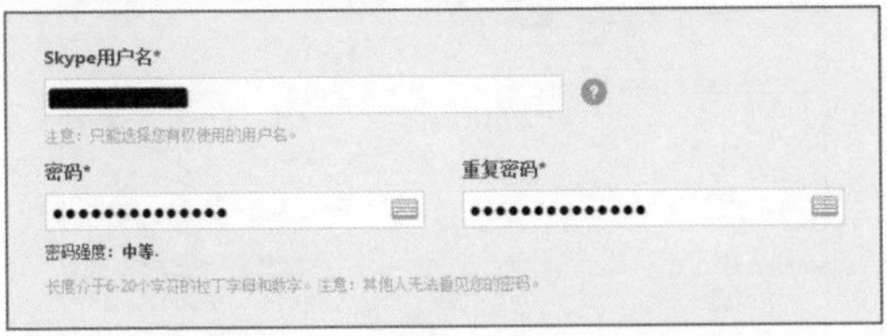

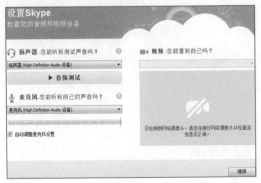

图12-3

4 填写完页面中的信息后，根据要求勾选"通过短信"或"通过电子邮件"复选框，单击"我同意-继续"按钮，如图12-4所示。

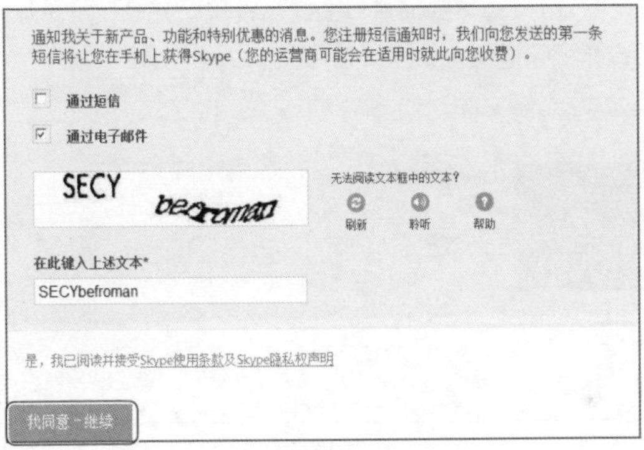

图12-4

5 在打开的"设置Skype"窗口中，此时会提示检查音频和视频。单击"继续"按钮，设置扬声器、麦克风和视频，如图12-5所示。

图12-5

6 单击"继续"按钮，提示添加档案图片，如图12-6所示。可以单击"浏览"按钮，在打开的对话框中找到想使用的图片并插入即可。

图12-6

⑦ 设置好图片好后，Skype窗口会提示设置已完成，可添加好友、家人、同事并进行语音和视频通话，如图12-7所示。

图12-7

⑧ 单击"开始使用Skype"按钮，即可自动登录到Skype主窗口，如图12-8所示。

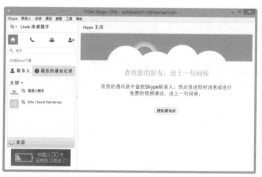

图12-8

提　示

用户还可以在登录窗口使用自己的MSN账号进行登录。

技巧2 搜索并添加联系人

成功登录Skype后，如果联系人太少，可以通过搜索联系人的方式，邀请对方加为好友，同时向对方发送信息。

1 在Skype主窗口中，单击"联系人"选项，在文本框中输入联系人，按Enter键，如图12-9所示。

2 在搜索结果中单击搜索到的联系人，即可看到联系人的相关信息，如图12-10所示。

图12-9

图12-10

3 在右侧窗口中单击"添加联系人"按钮，会弹出"发送联系人邀请"窗口，如图12-11所示。

图12-11

4 单击"发送"按钮，此时对方的聊天窗口会出现如图12-12所示提示框。

图12-12

5 单击"接受"按钮即可成为Skype好友。

第11章

第12章

第13章

第14章

第15章

技巧3 **好友添加到新建的"亲密好友"组中**

用户添加很多联系人后,可以将联系人按类别分成不同的组,以方便联系。

① 在Skype主窗口左侧窗格中单击右下角的"创建组"按钮,如图12-13所示。

② 此时在Skype右侧窗口中会出现"空的组",在其中单击"保存组到联系人名单"按钮,如图12-14所示。

图12-13

图12-14

③ 打开"保存组"窗口,在"保存该组会话到联系人列表里"文本框中输入名称,如图12-15所示。

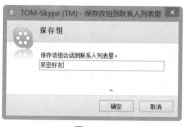

图12-15

④ 单击"确定"按钮后,用户可以使用鼠标将联系人直接拖到创建的组中,也可单击"亲密好友"按钮,在弹出的下拉菜单中选择"添加联系人"选项,如图12-16所示。

⑤ 打开"添加联系人"对话框,选择需要添加到组内的成员,单击"选择"按钮即可,如图12-17所示。

图12-16

图12-17

⑥ 单击"添加"按钮，即可将联系人添加到组内，如图12-18所示。

图12-18

技巧4 **与联系人视频通话**

如果用户想和联系人视频交流，通过Skype平台，可以和上线的联系人进行视频通话。

① 在左侧窗口中单击"联系人"选项，选择上线联系人"空间 易读"，如图12-19所示。

图12-19

② 单击"视频通话"按钮，会自动呼叫联系人，呼叫成功后即可与对方视频通话，如图12-20所示。

图12-20

提 示

　　Skype支持视频通话，不管在手机还是电脑都可以，用户之间的通讯是免费的，但打给手机或座机要收取少量费用。如果两个手机上都装了Skype软件，就可以随时随地免费地视频通话。

技巧5 **将联系人发送给另一好友**

在和对方视频聊天过程中，如果对方需要您所拥有的联系人，您可以将您的联系人发送给对方。

❶ 在Skyoe窗口中，单击"联系人"选项，选择上线联系人"空间 易读"，单击"视频通话"按钮，进入视频聊天窗口，单击➕按钮，在弹出的列表中选择"发送联系人"选项，如图12-21所示。

图12-21

❷ 打开"发送联系人"对话框，勾选需要发送给对方的联系人，选中的联系人会自动出现在文本框中，如图12-22所示。

图12-22

❸ 单击"发送"按钮即可。

技巧6 邀请多人加入视频通话

在Skype窗口中，可以与其中一个联系人视频通话，也可以邀请多个联系人视频通话。因此通过本技巧，可以实现召开一个小型视频会议。

❶ 在Skyoe窗口中，单击"联系人"选项，选择上线联系人"空间 易读"，单击"视频通话"按钮，进入视频聊天窗口，单击➕按钮，在弹出的列表中选择"邀请更多人加入通话"选项，如图12-23所示。

图12-23

❷ 打在弹出的窗口中选择联系人，完成后单击"添加到呼叫"按钮，如图12-24所示。

图12-24

技巧7 与联系人共享屏幕

屏幕共享功能可以使用户将自己的整个或部分电脑屏幕内容（如照片、文件等）同步分享给另一端的Skype好友。

❶ 在Skyoe窗口中，单击"联系人"选项，选择上线联系人"空间 易读"，单击"视频通话"按钮，进入视频聊天窗口，单击 ➕ 按钮，在弹出的列表中选择"共享屏幕"选项，如图12-25所示。

图12-25

②弹出提示确认对话框，单击"开始"按钮，即可与对方共享屏幕，屏幕周围出现红色边框，如图12-26所示。

图12-26

③单击"停止共享"按钮，即可停止与对方共享屏幕，如图12-27所示。

图12-27

技巧8　隐藏离线联系人

如果联系人列表中的人很多，可以将离线的联系人隐藏，以方便查找在线联系人。

①在Skype主窗口中，选择"联系人"→"隐藏联系人包括"→"处于离线状态"菜单命令，如图12-28所示。

图12-28

② 此时联系人列表中只显示在线的联系人，如图12-29所示。

图12-29

技巧9 使用Skype拨打普通电话

当对方Skype不在线的情况下，也可以利用Skype软件直接拨打对方电话，联系起来非常方便。

① 在Skype主窗口中，选择"通话"→"拨打普通电话"菜单命令，如图12-30所示。

图12-30

② 打开"拨打电话"窗口，单击"输入电话号码"下拉按钮，在弹出的选项中进行选择，并在右侧查看资费信息，如图12-31所示。

③ 在文本框中输入联系人号码，单击"呼叫"按钮，如图12-32所示。

④ 此时Skype窗口中会呼叫联系人，接通之后即可与对方通话，如图12-33所示。

图12-31

图12-32

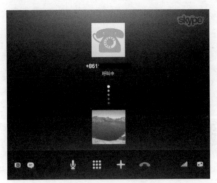

图12-33

技巧10 只允许联系人列表中的人呼叫我

为了在工作中不被打扰，用户可以对联系人进行设置，只有得到自己允许的联系人才可以呼叫自己。

❶ 在Skype主窗口中，选择"工具"→"选项"菜单命令，如图12-34所示。

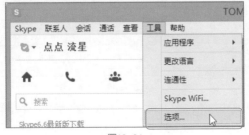

图12-34

② 在弹出的"Skype选项"对话框左侧单击"呼叫"选项,在右侧的窗格中单击"只允许在我联系人列表中的人呼叫我"单选按钮,完成后单击"保存"按钮即可,如图12-35所示。

图12-35

技巧11 设置自动应答呼叫

当联系人呼叫自己时,每次都点击应答按钮会很麻烦。通过本技巧,用户可以设置自动应答呼叫。

① 在Skype主窗口中,选择"工具"→"选项"菜单命令,打开"Skype选项"窗口。

② 在左侧窗格中单击"呼叫"选项,在右侧格口中单击"显示高级选项"按钮,如图12-36所示。

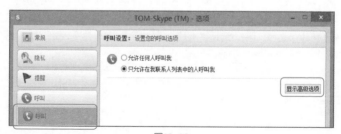

图12-36

③ 在打开的窗口中勾选"自动应答呼叫"复选框,完成后单击"保存"按钮,如图12-37所示。

图12-37

技巧12 设置30秒后呼叫转移

当用户不在线时,可以将联系人的来电转移到固话、手机或另一个Skype账户上,也可以语音形式接受,以便及时和联系人保持联系。

❶ 在Skype主窗口中,选择"工具"→"选项"菜单命令,打开"Skype选项"窗口。

❷ 在"呼叫"栏下单击"呼叫转移&语音邮件"选项,如图12-38所示。

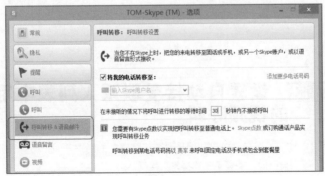

图12-38

❸ 在右侧窗格中勾选"将我的电话转移至"复选框,在下面的文本框中输入电话号码,并在"在未接听的情况下将呼叫进行转移的等待时间"后进行设置,如在文本框中输入30,如图12-39所示。

图12-39

④ 单击"添加更多号码"链接，此时会出现多个Skype用户名，即实现这些用户呼叫我时都可以自动转移，完成后单击"保存"按钮，如图12-40所示。

图12-40

技巧13　设置自动接受联系人列表中用户的视频呼叫

通过本技巧，用户可以自动接受联系人列表中的用户呼叫，而对于陌生的联系人，呼叫自己时，需要手工选择是否接受。

① 在Skype主窗口中，选择"工具"→"选项"菜单命令，打开"Skype选项"窗口。

② 在"呼叫"栏下选择"视频"选项，在右侧窗格中单击"我的联系人列表中的用户"单选按钮，完成后单击"保存"按钮即可，如图12-41所示。

图12-41

技巧14　设置"万分火急"会话提醒

在Skype中，联系人发送消息时会弹出提示，可能会打断思路，对工作造成影响。为了防止普通用户的通话提醒打扰自己，又能和特殊的好友保持联系，用户可以通过本技巧设置个性会话提醒，实现只有知道特殊内容的联系人才能联系自己。

① 在Skype主窗口中，选择"会话"→"通知设置"菜单命令，如图12-42所示。

② 打开"Skype提醒设置"页面，单击"只在出现以下文字的时候提醒我"单选按钮，在文本框中输入文字"万分火急"，完成后单击"确定"按钮，如图12-43所示。

图12-42

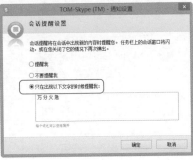

图12-43

技巧15 短暂离开时隐藏当前会话窗口

一般情况下，与好友的联系内容会显示在Skype窗口中，如果用户短暂外出，又不想关闭窗口，可能会造成隐私信息的泄露。通过本技巧可以将会话隐藏，以保护自己的隐私。

① 在Skype主窗口中，选择"会话"→"隐藏会话"菜单，如图12-44所示。

② 此时会弹出"显示隐藏的会话"对话框，根据其中的提示，单击"确定"按钮即可，如图12-45所示。

图12-44

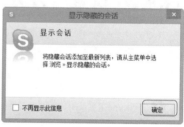

图12-45

技巧16 设置联系人生日提示

当联系人生日到来时，为避免自己遗忘，可设置联系人生日提示，从而在联系人生日那天及时送上一份祝福。

① 在Skype主窗口中，选择"工具"→"选项"菜单命令，打开"Skype选项"窗口。

② 在"提醒"栏下选择"提示"选项，勾选"好友的生日"复选框，单击"保存"按钮，如图12-46所示。

图12-46

技巧17　将消息记录保存三个月

用户和联系人的消息记录有些有价值，有些没有太大价值，用户可以根据需要对消息记录的保存时间进行设置。

① 在Skype主窗口中，选择"工具"→"选项"菜单命令，打开"Skype选项"窗口。

② 在"会话&短信"栏下选择"会话设置"选项，单击右侧窗格"保存记录为"下拉按钮，在弹出的列表中选择保存时间，完成后单击"保存"按钮即可，如图12-47所示。

图12-47

提　示

用户也可以将消息记录永久保存，选择在弹出的下拉列表中选择"永久保存"选项，再"保存"按钮即可。如果需要清除消息记录，单击"清除记录"按钮，然后单击"保存"按钮。

技巧18　设置接收文件自动保存到指定文件夹中

在和联系人交流时，经常会接收到联系人发来的文件，所接收的文件会保存于默认目录中（安装程序所在的目录，目录层次也比较深），这样不便于打开查看文件。可以按如下方法将联系人发来的文件保存到指定的位置。

① 在Skype主窗口中，选择"工具"→"选项"菜单命令，打开"Skype选项"窗口。

❷ 在"会话&短信"栏下选择"会话设置"选项，定位到右侧窗格中，在"当我接收文件时"栏下单击"保存所有文件到"单选按钮，如图12-48所示。

图12-48

❸ 单击"选择文件夹"按钮，打开"浏览文件夹"对话框，选择保存文件的文件夹，如图12-49所示。

图12-49

❹ 单击"确定"按钮，回到"Skype选项"窗口，单击"保存"按钮即可完成设置。

12.2　SkyDrive的使用

技巧19　登录SkyDrive

SkyDrive是由微软公司推出的一项云存储服务，用户可以通过自己的

Windows Live账户进行登录，上传自己的图片、文档等到 SkyDrive中进行存储。无论身在何处，你都可以访问你的SkyDrive、你的个人云上的所有内容，可自动从你的手机、平板电脑、PC或Mac上获取你的照片、文档和其他重要文件。 总之，你的资料和信息不会受限于任何一台电脑或设备。要想使用SkyDrive，首先要登录SkyDrive。

❶ 在"开始"屏幕中单击SkyDrive图标，即可进入如图12-50所示登录界面，输入账户和密码后单击"登录"按钮。

图12-50

❷ 打开"添加Microsoft 帐户"窗口，输入拥有的邮箱地址和密码，单击"保存"按钮，如图12-51所示。

图12-51

❸ 如果用户是将SkyDrive 下载到桌面，打开后也可进入登录界面，输入用户名和密码后，单击"登录"按钮，如图12-52所示。

图12-52

④ 如果是第一次登录，打开的窗口中会提示正在引导SkyDrive 文件夹，单击"下一步"按钮，如图12-53所示。

⑤ 进入到"仅同步你需要的内容"页面，单击"SkyDrive中的所有文件和文件夹"单选按钮，单击"下一步"按钮，图12-54所示。

图12-53

图12-54

⑥ 在开的页面中单击"完成"按钮即可，如图12-55所示。

图12-55

⑦ 打开任何一个文件夹，即可在左侧窗口中看到SkyDrive，单击即可进入到SkyDrive中，如图12-56所示。

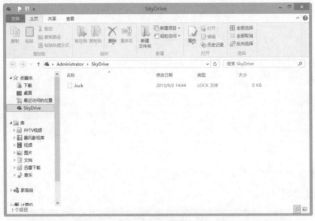

图12-56

提　示

如果用户还没有SkyDrive账户，在Microsoft SkyDrive登录窗口中单击"立即注册"链接，根据页面中的提示注册一个账号，以供使用。

技巧20　购买更多存储空间

在2012年4月22日之前完成微软Live通行证注册的用户，如果选择使用SkyDrive服务，将免费获得25GB储存空间；而在22日之后注册的新用户，将只能获得7GB免费储存空间。如果觉得存储空间不够，用户可以根据需要购买更多的存储空间。

① 打开并进入到SkyDrive页面，在左侧的"选项"栏下单击"管理存储"选项，然后在右侧单击"购买更多存储空间"按钮，如图12-57所示。

图12-57

2 在"存储计划"栏下选择需要购买的空间，如购买20GB，单击其后的"选择"按钮，如图12-58所示。

图12-58

3 此时会弹出页面，在页面中根据提示完成选择即可拥有更多的存储空间，如图12-59所示。

图12-59

提 示

升级存储空间需要花费一定的费用，拥有的存储空间越大，花费的金额也越多，用户可以根据需要进行选择。

技巧21 为 SkyDrive添加标签

用户可以根据需要对自己的SkyDrive添加人物标签。

1 打开并进入到SkyDrive页面，在窗口左侧单击"人物标签"，在右侧窗格中进行设置，如在"与你有关的照片"栏下单击"你的好友"单选按钮，在"你照片上的人物标签"栏下单击"不允许任何人添加好友标记"单选按钮，如图12-60所示。

2 完成后单击"保存"按钮即可。

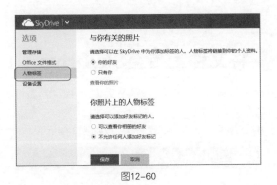

图12-60

技巧22　设置同步文件夹

如果不希望将SkyDrive的文件都同步连
接到电脑，可以根据需要进行设置。

1 在桌面右下角的SkyDrive图标上右
击鼠标，在弹出的快捷菜单中选择"设置"
选项，如图12-61所示。

2 打开Microsoft SkyDrive窗口，选择
"选择文件夹"选项卡，在"此电脑上同步
的文件夹"栏下单击"选择文件夹"按钮，
如图12-62所示。

图12-61

3 打开"仅同步你需要的内容"窗口，单击"选择要同步的文件夹"单选
按钮，如图12-63所示。

图12-62

图12-63

④ 连续单击"确定"按钮，即可完成设置。

技巧23 将文件上传至SkyDrive

SkyDrive是在线服务，用户可以将文件上传至网络进行备份，以方便和同学、同事、朋友和家人共享。

① 登录SkyDrive后，单击"上载"链接，如图12-64所示。

图12-64

② 打开"选择要加载的文件"窗口，选择需要上载的文件，如上传多个文件，按住Ctrl键选择文件，如图12-65所示。

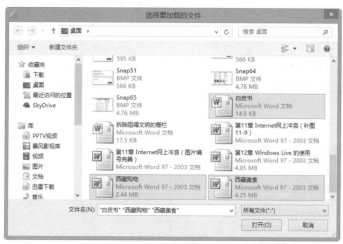

图12-65

③ 单击"打开"按钮开始上传，完成后即可在页面中看到上传的文件，如图12-66所示。

图12-66

技巧24 将文件与好友共享

用户可以根据需要将自己的文件与好友共享，通过设置，收件人可以对文件进行编辑。

❶ 打开并进入到SkyDrive中，选中需要与好友共享的文件，如"西藏美食"，右击鼠标，在弹出的快捷菜单中选择"共享"命令，如图12-67所示。

图12-67

❷ 在弹出的窗口中输入收件人的邮箱地址，勾选"收件人可以编辑"复选框，然后单击"共享"按钮，如图12-68所示。

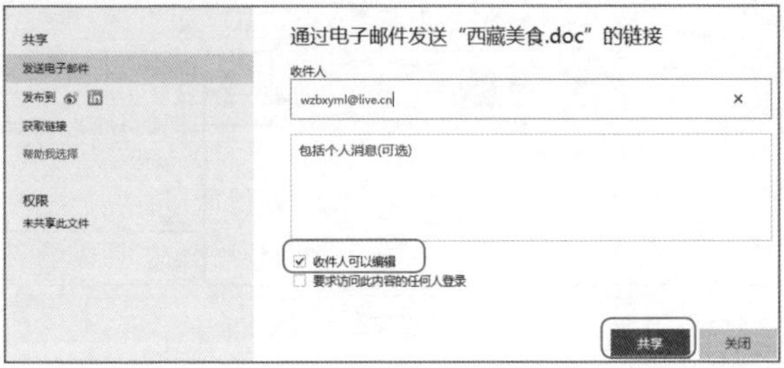

图12-68

③ 此时页面中显示好友可以编辑此文件,如图12-69所示。如果不希望好友编辑此文件,单击"删除权限"按钮即可。

图12-69

④ 单击"关闭"按钮,此时页面中已显示选中的文件与好友共享,如图12-70所示。

图12-70

技巧25 将文件生成博客或网页

用户可以根据需要将上载至SkyDrive中的文件生成博客或网页。

① 打开并进入到SkyDrive中,选中需要生成博客或网页的的文件,右击鼠标,在弹出的快捷菜单中选择"嵌入"命令,如图12-71所示。

图12-71

② 在弹出页面中单击"生成"按钮,如图12-72所示。

图12-72

③ 此时即可开始生成博客或网页，单击"完成"按钮即可，如图12-73所示。

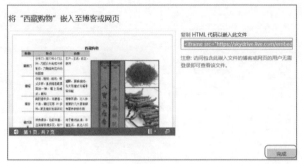

图12-73

技巧26　在SkyDrive中创建演示文稿

用户可以在SkyDrive中创建演示文稿，这样既使电脑中没有安装办公软件，也可以进行编辑。

❶ 打开并进入到SkyDrive中，单击"创建"按钮，在弹出的下拉菜单中选择"PowerPoint演示文稿"命令，如图12-74所示。

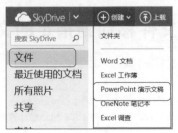

图12-74

❷ 在弹出的窗口中为创建的演示文稿命名，直接在文本框中输入即可，然后单击"创建"按钮，如图12-75所示。

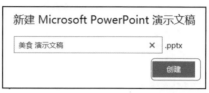

新建 Microsoft PowerPoint 演示文稿

美食 演示文稿 × .pptx

创建

图12-75

❸ 此时即可完成演示文稿的创建，根据需要进行编辑，如图12-76所示。

图12-76

提 示

使用上面的方法还可以创建文件夹、Word文档、Excel工作簿、OneNote笔记和Excel调查。

技巧27 将文件移动到指定的文件夹中

用户可以根据需要将SkyDrive文件移动到指定的文件夹中，以方便对上载的文件进行分类。

❶ 要将文件移动到指定的文件夹中，首先要创建文件夹。打开并进入到SkyDrive中，单击"创建"按钮，在弹出的下拉菜单中选择"文件夹"命令，如图12-77所示。

② 在弹出的窗口中为创建的文件夹命名，直接在文本框中输入即可，如"收藏 分享"，然后单击"创建"按钮，如图12-78所示。

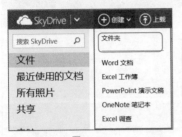

图12-77

图12-78

③ 此时在页面中即可看到创建的文件夹，将选中的文件直接拖动到文件夹中即可，如图12-79所示。

图12-79

④ 或者选中需要移动的文件，右击鼠标，在弹出的快捷菜单中选择"移至"命令，如图12-80所示。

⑤ 在打开的"选定的项目将移动到"窗口中选择"收藏 分享"文件夹，单击"移动"按钮即可，如图12-81所示。

图12-80

图12-81

⑥ 此时即可完成文件的移动，效果如图12-82所示。

图12-82

技巧28 查看文件属性并添加说明

用户可以根据需要查看上载文件的属性并添加说明。

① 打开并进入到SkyDrive中，选中需要查看属性的文件，右击鼠标，在弹出的快捷菜单中选择"属性"命令，如图12-83所示。

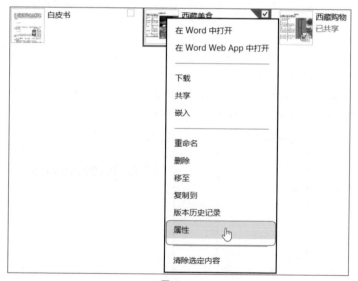

图12-83

② 此时页面中显示文件的详细信息，如图12-84所示。

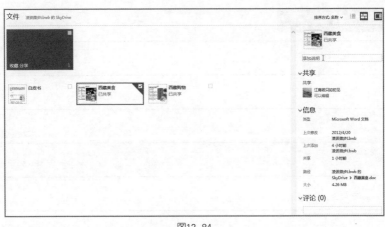

图12-84

③ 可对文件添加说明和评论，如单击文件下方的 "添加说明"字样，在文本框中输入说明性文字即可，如图12-85所示。

图12-85

读书笔记

第 *13* 章

系统监控与管理

13.1 查看Windows 8系统性能

技巧1 在性能监视器中添加计数器

性能监视器中可以自定义添加计数器，对系统需要监视的某个性能和状态进行查看，以利于分析或解决某个问题。

❶ 打开"控制面板"窗口，在"类别"查看方式下单击"系统和安全"选项，如图13-1所示。

图13-1

❷ 打开"系统和安全"窗口，单击"管理工具"链接，如图13-2所示。

图13-2

❸ 打开"管理工具"窗口，双击"性能监视器"图标，如图13-3所示。

❹ 打开"性能监视器"窗口，在"监视工具"栏下单击"性能监视器"选项，在窗口右侧单击"添加"按钮，如图13-4所示。

❺ 弹出"添加计数器"对话框，在左侧的列表框中选择需添加的计数器，如Offline Files，单击"添加"按钮，即可将其添加到右侧的列表框中，如图13-5所示。

图13-3

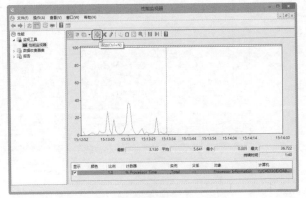

图13-4

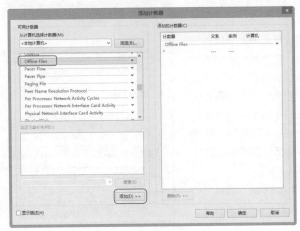

图13-5

⑥ 单击"确定"按钮，完成对新计数器的添加，在性能监视器的细节窗格中就能看到该性能的时时动态图表。

技巧2 在性能监视器中更改计数器

新添加的计数器动态图默认使用红色细线显示，如果需要对这些显示特征进行更改，可利用下面的方法。

❶ 打开"性能监视器"窗口，在细节窗格下方列表中选择需要修改的计数器，右键单击该计数器，在弹出的快捷菜单中选择"属性"命令，如图13-6所示。

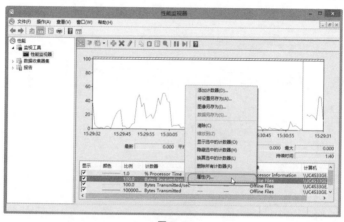

图13-6

❷ 打开"性能监视器 属性"对话框，修改该计数器图表显示的选项。单击"颜色"下拉按钮，在下拉列表中选择计数器显示颜色；再单击"宽度"下拉按钮，在下拉列表中选择计数器显示线条的宽度；单击"比例"下拉按钮，在下拉列表中选择计数器单位的比例，如图13-7所示。

❸ 单击"确定"按钮，完成对计数器图表显示的修改。

图13-7

技巧3 创建性能日志

性能日志在Windows 8中又叫做数据收集器集，在性能监视器中起到性能监视和报告的作用，可以将许多数据收集器组合在一起加入到日志中。对性能计数器进行逐个记录，综合进行保存，并可以设定数据超过某一个值后进行报警，以方便使用者监控。

❶ 打开"性能监视器"窗口，在窗口左侧单击"数据收集器集"选项，然后右击"用户定义"选项，在弹出的快捷菜单中选择"新建"→"数据收集器集"命令，如图13-8所示。

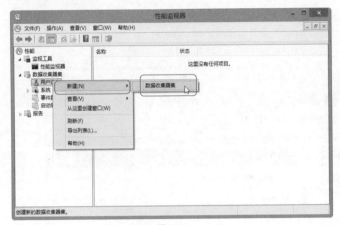

图13-8

❷ 打开"创建新的数据收集器集"对话框，保持默认名称，选择创建数据收集器的方式，这里选择"手动创建（高级）"选项，如图13-9所示。

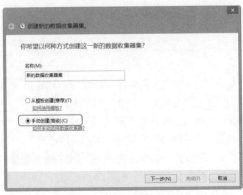

图13-9

❸ 单击"下一步"按钮，选择保存哪些类型的数据，勾选"性能计数器"复选框，如图13-10所示。

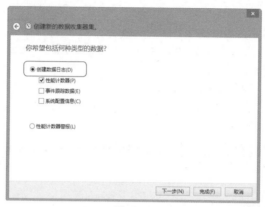

图13-10

❹ 单击"下一步"按钮，打开"您希望记录哪个性能计数器"页面，单击"添加"按钮，如同13-11所示。

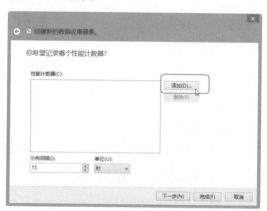

图13-11

❺ 在打开对话框的左侧列表框中选择要添加的计数器，如HTTP Service，单击"添加"按钮，添加到右列表框中，如图13-12所示。

❻ 单击"确定"按钮，再单击"下一步"按钮，切换到"您希望将数据保存在什么位置"页面，保持默认位置不变，如图13-13所示。

❼ 单击"下一步"按钮，切换到"是否创建数据收集器集"页面，这里选择"立即启动该数据收集器集"选项，如图13-14所示。

❽ 单击"完成"按钮，即可完成性能日志的创建。

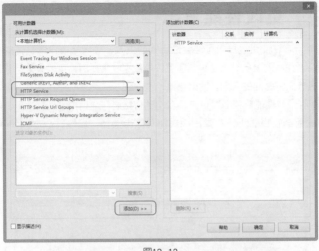

图13-12

图13-13

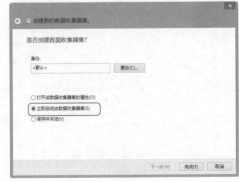

图13-14

技巧4 更改性能日志

性能日志在使用过程中可能会进行一些更改，或者修改日志文件的名称和格式等。这种修改更多时候是在创建了许多数据收集器时，可以有效地管理日志文件，区分文件之间的区别，同时修改一些错误。

① 打开"性能监视器"窗口，在左侧窗格展开"用户定义"选项，右键单击新建的数据收集器集，在弹出的快捷菜单中选择"属性"命令，如图13-15所示。

图13-15

② 在打开的对话框中打开"文件"选项卡，在"日志文件名"文本框中输入日志文本名；在"文件名格式"文本框中输入yyyyMMdd，如图13-16所示。

图13-16

③ 单击"确定"按钮，日志文件修改成功。

技巧5 停止计划数据收集器工作

在Windows 8中，同样可以创建还原点，进行系统还原。

❶ 打开"性能监视器"窗口，在左侧窗格展开"用户定义"选项，然后在新建的数据收集器集上单击鼠标右键，在弹出的快捷菜单中选择"属性"命令，如图13-17所示。

图13-17

❷ 在打开的对话框中单击"停止条件"选项卡，若要在某个时间段后停止收集数据，选中"总持续时间"复选框并选择数量和单位；选中"所有数据收集器完成时停止"复选框，可以在所有数据收集器都记录完最新值之后才停止数据收集器集，如图13-18所示。

图13-18

❸ 设置完成后，单击"确定"按钮即可。

技巧6 配置数据收集器数据管理

① 打开"性能监视器"窗口，在左侧窗格展开"用户定义"选项，然后在新建的数据收集器集上单击鼠标右键，在弹出的快捷菜单中单击"数据管理器"命令，如图13-19所示。

图13-19

② 在打开对话框的"数据管理器"选项卡上，选中"最小可用磁盘"复选框和"最大文件夹数"复选框，则在达到限制时，系统将根据所选的"资源策略"（"删除最大"或"删除最旧"）删除以前的数据；选中"在数据收集器集启动之前应用策略"复选框，则在数据收集器集创建其下一个日志文件之前，系统将根据选择删除以前的数据，如图13-20所示。

图13-20

③ 完成更改后，单击"确定"按钮即可。

13.2　使用事件查看器查看数据记录

技巧7　查看日志

事件查看器可以查看到系统的各个事件信息，用于找到某些功能失败的原因，也可以查看审核事项，以帮助管理。

1 打开"控制面板"窗口，在"类别"查看方式下单击"系统和安全"选项，在打开的"系统和安全"窗口，单击其中的"管理工具"链接。

2 打开"管理工具"窗口，双击窗口中的"事件查看器"图标，如图13-21所示。

图13-21

3 打开"事件查看器"窗口，在"Windows日志"栏下单击"应用程序"选项，然后在窗口右侧双击"错误"选项，如图13-22所示，以查看错误事件的具体内容。

图13-22

④ 打开"事件属性"对话框，可以查看事件的具体内容，同时可以单击"复制"按钮，将事件信息复制到剪贴板中，如图13-23所示。

图13-23

技巧8 配置事件的日志类型

事件查看器可以设置日志的保存位置、日志大小，以及是否覆盖保存等一系列内容，这些设置可以方便备份日志、控制系统目录的大小，以及不产生过多冗余的文件或垃圾信息。

① 在"事件查看器"窗口左侧的"Windows日志"栏下，右键单击"应用程序"选项，在弹出的快捷菜单中选择"属性"命令，如图13-24所示。

图13-24

② 弹出"日志属性"对话框，在"日志路径"文本框中修改文件名为App.evtx，调整"日志最大大小"上限值为40960，选中"不覆盖事件（手动清除日

志）"选项，如图13-25所示。

图13-25

③ 设置完成后，单击"确定"按钮即可。

13.3 使用任务管理器管理程序和进程

技巧9 结束未响应的应用程序

使用计算机时经常会遇到一些无法关闭的程序，导致系统缓慢，这些软件进入假死的原因可能是软硬件的冲突、接触不良、散热不好、中病毒、程序不兼容、电脑自身的病毒、占用系统资源过大及程序自身设计的问题等原因。可以用任务管理器手动结束这些进程，让系统重新恢复到正常状态。

① 右击任务栏空白处，在弹出的快捷菜单中选择"任务管理器"命令，如图13-26所示。

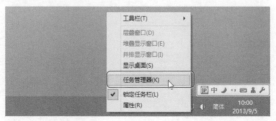

图13-26

② 打开"任务管理器"窗口，在"进程"选项卡中选择需要结束的程序，然后单击右下角的"结束任务"按钮（如图13-27所示），即可关闭应用程序。

图13-27

> **提 示**
>
> 在"任务管理器"窗口中，在需要结束的程序上单击鼠标右键，在弹出的快捷菜单中单击"结束任务"命令，也可结束程序。

技巧10 停用无用的服务

服务是应用程序类型的一种，它在后台中运行，为本地用户提供一些功能。但是系统中有一些不常用的或者存在安全隐患的服务，可以用任务管理器手动进行关闭，以减少系统资源的使用，保证程序流畅运行。

❶ 在"任务管理器"窗口中，切换到"服务"选项卡，找到需要停止的服务，这里右击Spooler打印机服务，在弹出的快捷菜单中选择"停止"命令，如图13-28所示。

图13-28

❷ 当打印机服务被关闭后，该服务显示为"已停止"状态，如图13-29所示。

图13-29

技巧11 重新加载计算机进程

当一些程序出现问题而无法解决时，可以尝试重新启动该程序，使用任务管理器先结束该程序，再重新运行。

❶ 在"任务管理器"窗口的"进行"选项卡中，找到需要重启的程序，如右击"Windows资源管理器"进程，在弹出的快捷菜单中选择"结束任务"命令，如图13-30所示。

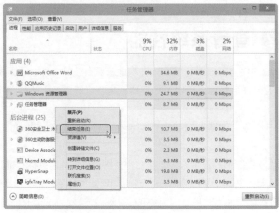

图13-30

②程序被结束后，在"任务管理器"窗口中的菜单栏选择"文件"→"运行新任务"命令，如图13-31所示。

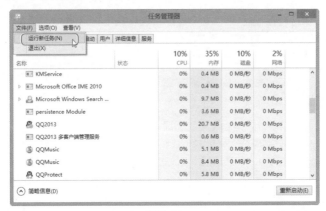

图13-31

③打开"新建任务"对话框，在文本框中输入explorer文本，如图13-32所示，单击"确定"按钮，即可完成对程序的重新加载。

图13-32

技巧12 查看系统性能

Windows 8任务管理器可以十分直观地查看系统的性能，了解系统资源的使用情况。通过任务管理器可以对处理器、内存、硬盘及网络的使用情况一目了然。

①在"任务管理器"窗口中，切换到"性能"选项卡，可查看系统的性能。

②如需改变图形的显示方式，在右侧窗格空白处单击鼠标右键，在弹出的快捷菜单中选择"将图形更改为"→"逻辑处理器"命令，如图13-33所示。

③改变图表显示方式后，因为是双核处理器，显示为两块图形，如图13-34所示。

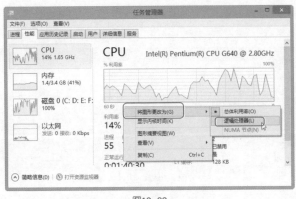

图13-33

图13-34

④ 如需隐藏导航窗格中的图形，在左侧窗格中单击鼠标右键，在弹出的快捷菜单中选择"隐藏图形"命令，如同图13-35所示。

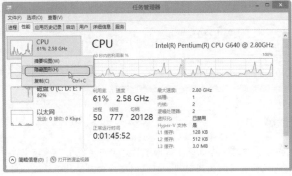

图13-35

⑤ 执行命令后，改变了性能选项的显示方式，不再显示图形的缩略图，如图13-36所示。

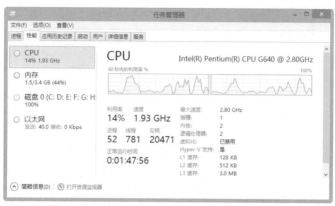

图13-36

⑥ 如要用简单的视图进行查看，在窗口左侧单击鼠标右键，在弹出的快捷菜单中选择"摘要视图"命令，如图13-37所示。

⑦ 执行命令后，系统性能变成概览显示，可以简单查看处理器、内存、硬盘等的性能使用情况，如图13-38所示。

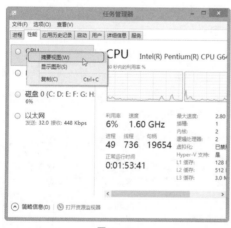

图13-37

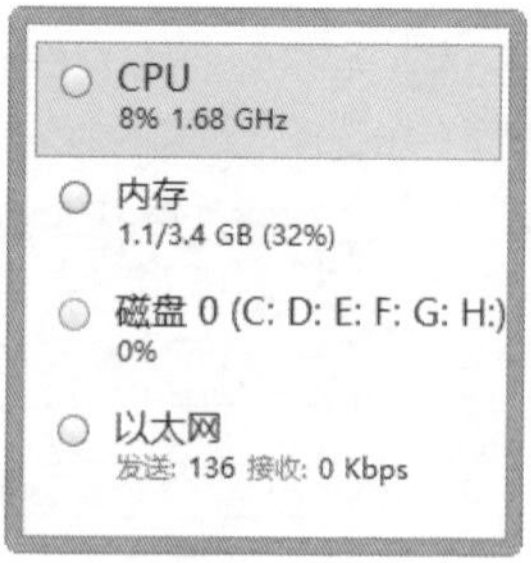

图13-38

提 示

在"任务管理器"窗口中，新增了"应用历史记录"选项卡，可以方便地查看Metro风格应用的使用时间，以及网络和磁盘的使用情况。通过查看应用的历史记录，可以了解它们的资源占用情况。

13.4　使用注册表管理系统

技巧13　查找字符串、值或数据

　　注册表中的数据众多，注册表编辑器提供了查找功能，可方便地进行查找和编辑，也可快速在大量的信息中找到需要的配置。

❶ 在桌面上按Windows+R快捷键，弹出"运行"对话框，在"打开"文本框中输入regedit命令，如图13-39所示。

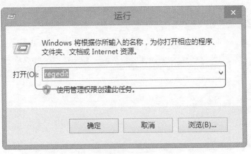

图13-39

❷ 单击"确定"按钮，打开"注册表编辑器"窗口，如图13-40所示，可看到窗口中的菜单栏、导航窗格及明细窗格。

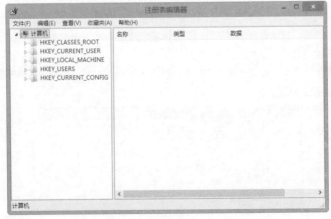

图13-40

❸ 在菜单栏中选择"编辑"→"查找"命令，如图13-41所示。

❹ 打开"查找"对话框，在"查找目标"文本框中输入需要查找的内容，单击"查找下一个"按钮，即可完成对关键字的查找，如图13-42所示。

图13-41

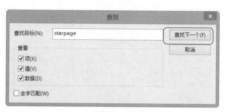

图13-42

技巧14 将注册表项添加到收藏夹中

注册表中有些经常使用的分支或者路径，可以添加到收藏夹中，以方便直接打开，进行日常管理。当不再需要常用的收藏路径时，可以将收藏夹从注册表编辑器的收藏夹中删除。

❶ 在"注册表编辑器"窗口菜单栏选择"收藏夹"→"添加到收藏夹"命令，如图13-43所示。

图13-43

② 打开"添加到收藏夹"对话框，保持默认的名称，如图13-44所示，单击"确定"按钮，即可添加成功。

图13-44

③ 如果需要打开收藏的路径，在菜单栏中选择"收藏夹"→CurrentVersion命令，如图13-45所示。

图13-45

④ 如要删除收藏的路径，在菜单栏中选择"收藏夹"→"删除收藏夹"命令，如图13-46所示。

图13-46

⑤ 弹出"删除收藏夹"对话框，在列表框中选择要删除的选项，如图 13-47所示，再单击"确定"按钮，即可完成对收藏的删除。

图13-47

技巧15 添加注册表项或值项

注册表中的信息都是储存在分支路径下的项，项中的项值就是具体的信息 或者配置。添加不同的项或项值可以实现特别的功能，如可以自主添加任何开机 自动启动功能，从而使Windows 8在开机时打开自带的IE浏览器，还可以自主添 加任何需要开机自动启动的程序。

① 在"注册表编辑器"窗口左侧，依次展开HKEY_LOCAL_MACHINE\ SOFTWARE\Microsoft\Windows\CurrentVersion\Run路径，在菜单栏中选择"编 辑"→"新建"→"字符串值"命令，如图13-48所示。

图13-48

② 将新建的字符串命名为IE，按Enter键完成命名，如图13-49所示。

图13-49

❸ 选中该项，在菜单栏中选择"编辑"→"修改"命令，如图13-50所示。

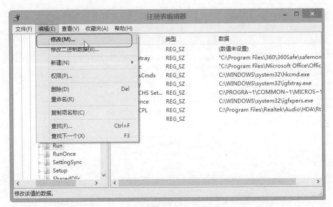

图13-50

❹ 打开"编辑字符串"对话框，在"数值数据"文本框中输入程序路径C:\Program Files\Internet Explorer\iexplore.exe，如图13-51所示。

图13-51

❺ 单击"确定"按钮，即可完成开机启动IE的设置。

提示

在注册表中添加注册表项或项值时，除了上述介绍的方法，还可以在需要添加项或项值的路径右侧的明细窗格的空白处右击，在弹出的快捷菜单中选择"新建"命令，在展开的子菜单选择需要新建的选项。这种方法不局限于菜单栏的操作，使用熟练后可以更加快捷方便，使操作更有效率。

技巧16 更改注册表项值

注册表中的信息或配置，可根据不同的需要进行更改，以实现不同的功能，如通过修改注册表项值，对Windows 8自带的IE浏览器的首页进行重新设置。

❶ 在"注册表编辑器"窗口左侧，依次展开HKEY_CURRENT_USER\Software\Microsoft\Internet Explorer\Main路径，在窗口右侧右击Start Page项，在弹出快捷菜单中选择"修改"命令，如图13-52所示。

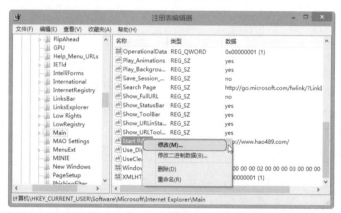

图13-52

❷ 打开"编辑字符串"对话框，在"数值数据"文本框中输入http://www.bing.com/，如图13-53所示。

图13-53

❸ 单击"确定"按钮，IE浏览器的首页即被修改为微软的必应搜索引擎。

第 *14* 章

系统优化与维护

14.1 系统优化设置

技巧1 将系统设为最佳性能

Windows一直以来都有一个传统而又实用的优化方法，就是把界面设置为最佳效果，Windows 8中也保留了此功能。如果用户可以接受界面没有任何特效、阴影等显示效果，不妨一试。

① 右键单击桌面上的"这台电脑"图标，在弹出的菜单中选择"属性"命令，打开"系统"窗口，单击左侧的"高级系统设置"链接，如图14-1所示。

图14-1

② 打开"系统属性"对话框的"高级"选项卡，单击"性能"栏中 设置(S)... 按钮，如图14-2所示。

③ 打开"性能选项"对话框中的"视觉效果"选项卡，选中"调整为最佳性能"选项，如图14-3所示。

图14-2

图14-3

❹ 依次单击"确定"按钮，即可设置为最佳性能。

技巧2 发挥SATA硬盘的性能优势

　　Windows 8能够很好地支持SATA硬盘，同时还提供了进一步提高硬盘性能的途径，那便是启用高级性能选项。

　❶ 右键单击桌面上的"这台电脑"图标，在弹出的菜单中选择"管理"命令，打开"计算机管理"窗口。

　❷ 在窗口左侧单击"设备管理器"，然后在右侧窗格中展开"磁盘驱动器"，在其下找到本机所使用的硬盘，右击此磁盘，在弹出的菜单中选择"属性"命令，如图14-4所示。

图14-4

　❸ 在弹出的"属性"对话框中打开"策略"选项卡，选中"启用设备上的写入缓存"复选框，如图14-5所示。

　❹ 设置完成后，单击"确定"按钮即可。

图14-5

技巧3 清除右键菜单中的多余命令

有些右键菜单中的选项并不常用，或者有些软件已被删除，但其仍然占据着右键菜单。解决办法就是将这些无用的右键菜单项目删除。

❶ 将鼠标放置在桌面的左下角，弹出"开始"屏幕小窗口，在小窗口上单击鼠标右键，在弹出的菜单中选择"搜索"命令，如图14-6所示。

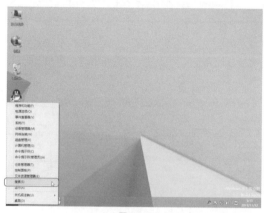

图14-6

❷ 在弹出的"搜索"文本框中输入regedit.exe，会自动出现regedit应用程序，如图14-7所示。

图14-7

❸ 单击此程序图标，打开"注册表编辑器"窗口，在窗口左侧依次展开HKEY_CLASSES_ROOT\ShellEx\ContextMenuHandlers分支。

❹ 在ContextMenuHandlers分支下找到要删除的无用项，右键单击此项，在弹出的菜单中选择"删除"命令，如图14-8所示，即可删除。

图14-8

⑤ 退出注册表编辑器，重新启动计算机。

技巧4 自动更新Windows系统

让Windows系统自动更新，可以保持系统处于最新的状态，电脑的速度及稳定性都会好些。

① 将鼠标放置在桌面的左下角，弹出"开始"屏幕小窗口，在小窗口上单击鼠标右键，在弹出的菜单中选择"控制面板"命令。

② 打开"所有控制面板项"窗口，单击"Windows更新"链接，如图14-9所示。

图14-9

③ 打开"Windows更新"窗口，单击左侧的"更改设置"链接，如图14-10所示。

图14-10

④ 打开"更改设置"窗口，单击"重要更新"下拉按钮，在下拉菜单中选择"自动安装更新"选项，如图14-11所示。

图14-11

⑤ 单击"确定"按钮，即可保持系统自动更新。

技巧5 提高窗口切换速度

Windows 8系统华丽的外观受到很多用户的喜爱，然而，个性化的外观设置也会影响系统的某些操作，如窗口切换速度减缓。下面就来介绍提高窗口切换速度的方法。

① 将鼠标放置在桌面的左下角，弹出"开始"屏幕小窗口，在小窗口上单击鼠标右键，在弹出的菜单中选择"搜索"命令，在弹出的搜索文本框中输入SystemPropertiesPerformance，然后单击搜索到的程序，如图14-12所示。

图14-12

② 打开"性能选项"对话框，在"视觉效果"选项卡中，选中"自定义"选项，然后取消选中"在最大化和最小化时显示窗口动画"复选框，如图14-13所示。

③ 单击"确定"按钮即可。

图14-13

技巧6 更改UAC设置

UAC（User Account Control，用户账户控制）是微软为提高系统安全而在Windows中引入的新技术，它要求所有用户在标准账号模式下运行程序和任务，阻止未认证的程序安装，并阻止或提示标准用户进行不当的系统设置改变。

① 打开"搜索"界面，输入msconfig.exe，单击搜索到的程序图标，打开"系统配置"对话框。

② 打开"工具"选项卡，在列表框中选择"更改UAC设置"选项，然后单击 启动(L) 按钮，如图14-14所示。

图14-14

❸ 打开"用户帐户控制设置"对话框，根据需要拖动滑块进行设置，如图14-15所示。

图14-15

❹ 设置完成后，单击"确定"按钮。

技巧7 关闭不必要的视觉效果

Windows8系统华丽的视觉效果设置给广大用户带来了全新的视觉体验。然而过多的视觉效果设置会占用系统资源，为了提高系统运行效率，可以对视觉效果进行设置。

❶ 在"这台电脑"图标上单击鼠标右键，在弹出的菜单中选择"属性"命令，打开"系统"窗口，单击"高级系统设置"链接，如图14-16所示。

图14-16

2 打开"系统属性"对话框的"高级"选项卡，单击"性能"栏中的"设置"按钮，如图14-17所示。

3 打开"性能选项"对话框，选择"视觉效果"选项卡，选中"自定义"选项，在下面的列表框中取消选中不必要的视觉效果，如图14-18所示。

图14-17 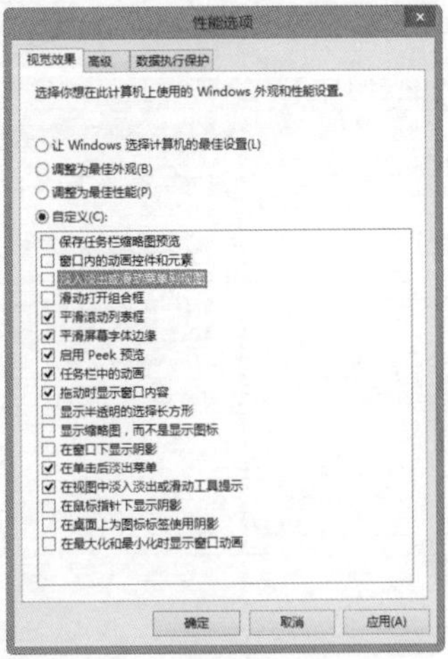　　　　　　　　图14-18

4 设置完成后，依次单击"确定"按钮即可。

技巧8　巧妙设置随机启动项

当设置某一程序为随机启动项时，该程序将在系统开启后自行启动，如果自行启动的项目较多时，会影响系统的启动速度，此时可以取消一些随机启动项。

① 打开"搜索"界面，输入msconfig，单击搜索到的程序图标，打开"系统配置"对话框。

② 选择"启动"选项卡，可以看到提示"若要管理启动项，请使用任务管理器的'启动'部分"，单击"打开任务管理器"链接，如图14-19所示。

图14-19

③ 打开"任务管理器"对话框的"启动"选项卡，可以看到随机启动的项目，选中需要禁用的项目，单击"禁用"按钮，即可禁用，如图14-20所示。设置完成后，关闭对话框。

图14-20

技巧9 Windows 8开机自动登录设置

如果在设置计算机系统账号时创建了密码，就需要在每次开机时输入正确的密码才能登录系统。若对于计算机的安全性要求不高，可以使用开机自动登录。

❶ 在"搜索"界面的搜索框中输入regedit，然后单击其程序图标，打开"注册表编辑器"窗口。

❷ 在在窗口的左侧依次展开HKEY_LOCAL_MACHINE\SOFTWARE\Microsoft\WindowsNT\CurrentVersion\Winlogon\AutologonChecked子键。

❸ 在右侧窗格空白处，单击鼠标右键，选择"新建"→"字符串值"命令，如图14-21所示。

图14-21

❹ 将新建的子键命名为Autominlogon，双击该键值，打开"编辑字符串"对话框，在"数值数据"文本框中输入1，如图14-22所示，单击"确定"按钮。

图14-22

❺ 用同样的方法新建一个名为Default User Name的子键，双击该键值，在打开的对话框的"数值数据"文本框中输入正在使用的登录账户名，如图14-23所示，单击"确定"按钮。

图14-23

⑥ 再创建一个名为**Default Password**的子键，双击该子键，在打开的对话框中的"数值数据"文本框中，输入正在使用的登录账户密码，如图14-24所示，单击"确定"按钮。

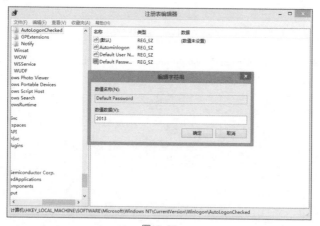

图14-24

技巧10 缩短关机前的等待时间

通过缩短系统默认的关闭服务等待时间，可以加快Windows 8系统的关机速度，其主要方法是修改注册表中的相关设置。

① 打开"搜索"界面，在搜索框中输入regedit，然后按Enter键，打开"注册表编辑器"窗口。

② 在窗口的左侧依次展开HKEY_LOCAL_MACHINE\SYSTEM\CrruentControlSet\Control子键。

③ 双击左侧窗格中的WaitToKillServiceTimeout键值，打开"编辑字符串"对话框，在"数值数据"文本框中输入10000，如图14-25所示，单击"确定"按钮即可。

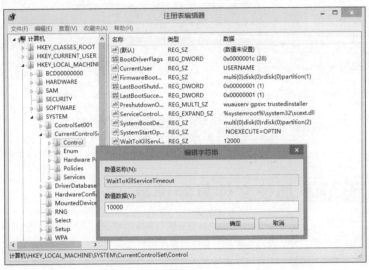

图14-25

提示

WaitToKillServiceTimeout的默认值是12000，即12秒，数值变小可以缩短系统关机的等待时间，加快关机速度。

技巧11　缩短关闭应用程序与进程的等待时间

通常情况下，系统在关闭应用程序与进程前有一段等待时间，这段时间同样可以在注册表中进行设置。

① 打开"注册表编辑器"窗口，在窗口的左侧依次展开HKEY_CURRENT_USER\Control Panel\Desktop子键。

② 在右侧窗格中，双击WaitToKillAppTimeout键值，打开"编辑字符串"对话框，在"数值数据"文本框中输入一定的数值，这里输入4000，如图14-26所示，单击"确定"按钮即可。

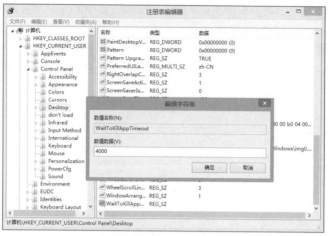

图14-26

技巧12 加快文件复制速度

　　"远程差分压缩API支持"功能就是在执行复制或者删除操作时，系统会自动压缩被操作的文件；操作结束后，会自动解压被操作的文件，以此来缩小文件的体积以求快速传输。这在远程操作时是很有用的，可如果是本地操作就不同了，反而会降低工作效率，因此有必要关闭"远程差分压缩API支持"这项功能。

❶ 将鼠标放置在桌面的左下角，弹出"开始"屏幕小窗口，在小窗口上单击鼠标右键，在弹出的菜单中选择"控制面板"命令，打开"控制面板"窗口。

❷ 在"类别"查看方式下，单击"程序"选项，如图14-27所示。

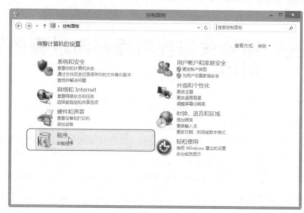

图14-27

③ 打开"程序"窗口，在"程序和功能"下选择"启用或关闭Windows功能"选项，如图14-28所示。

图14-28

④ 打开"Windows功能"对话框，取消选中列表框中的"远程差分压缩API支持"复选框，如图14-29所示。

图14-29

⑤ 设置完成后，单击"确定"按钮。

14.2 为Windows 8"瘦身"

技巧13 让Windows 8自动释放内存空间

在使用计算机时，常常会跳出磁盘空间不足的窗口，用户对此很烦恼，可以利用下面的方法解决。

① 打开"注册表编辑器"窗口，在左侧窗格中依次展开HKEY_LOCAL_
MACHINE\SOFTWARE\Microsoft\Windows\ CurrentVersion\Explorer分支，然
后在右侧窗格中的空白处单击鼠标右键，选中"新建"→"字符串值"命令，
如图14-30所示。

图14-30

② 将新建的"字符串值"命名为AlwaysUnloaDll，并双击此字符串，打开
"编辑字符串"对话框，将其值设置为1，如图14-31所示。

图14-31

③ 设置完成后，单击"确定"按钮，并退出"注册表编辑器"，重新启动
计算机设置即可生效。

技巧14 压缩文件以节省磁盘空间

　　如果磁盘空间吃紧，可以使用系统自带压缩功能将不常用的文件压缩，以节省磁盘空间。

1 右键单击需要压缩的文件夹，在弹出的菜单中选择"属性"命令，打开其"属性"对话框，单击"常规"选项卡下的 高级(D)... 按钮，如图14-32所示。

2 打开"高级属性"对话框，选中"压缩或加密属性"栏中的"压缩内容以便节省磁盘空间"复选框，如图14-33所示。

图14-32

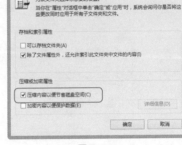

图14-33

3 单击"确定"按钮，返回到文件夹的"属性"对话框中，单击"应用"按钮，会弹出"确认属性更改"对话框，选中"将更改应用于此文件夹、子文件夹和文件"选项，如图14-34所示。

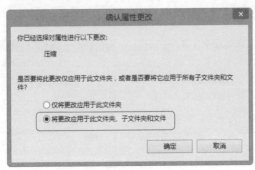

图14-34

④ 单击"确定"按钮，开始压缩，待进度条走完后，即可压缩完成。再次查看其属性，会发现压缩后的文件夹占用磁盘空间比压缩前小了很多，压缩比还是非常可观的。

提　示

对于常用的文件不建议压缩，因为压缩后，再使用这个文件夹中的文件时，会有一个解压过程，这样会影响使用性能。

技巧15 定期进行磁盘碎片整理

磁盘碎片过多会引起系统性能下降，严重的还要缩短硬盘寿命。因此，有必要定期对磁盘碎片进行整理。

① 打开"这台电脑"窗口，选择需要整理的磁盘，然后在"计算机"选项卡"位置"组中单击"属性"按钮，如图14-35所示。

图14-35

② 打开"本地磁盘（H：）属性"对话框，选择"工具"选项卡，单击"优化"按钮，如图14-36所示。

③ 打开"优化驱动器"对话框，在列表框中选中一个分区，单击"分析"按钮，如图14-37所示，即可分析出碎片文件占磁盘容量的百分比。

图14-36

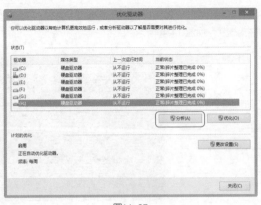

图14-37

④ 根据得到的这个百分比，确定是否需要进行磁盘碎片整理，需要整理时单击"优化"按钮，即会开始整理，如图14-38所示。

图14-38

⑤ 优化完成后，单击"关闭"按钮，关闭对话框即可。

技巧16 使用命令判断磁盘是否需要整理

在使用"优化驱动器"对磁盘进行分析后，会得出碎片文件占该分区容量的百分比。很多用户都有这样的疑虑：到底碎片文件占分区容量的百分之几的时候才需要整理呢？下面的这个命令会告诉你答案。

① 将鼠标放置在桌面的左下角，弹出"开始"屏幕小窗口，在小窗口上单击鼠标右键，在弹出的菜单中选择"运行"命令，打开"运行"对话框，在文本框中输入cmd，如图14-39所示。

② 按Enter键后打开命令提示符窗口，在命令行输入"defrag d: -a"命令（这里以D分区为例），如图14-40所示。

图14-39

图14-40

③ 按Enter键后，程序开始分析D分区，大约几秒左右会得出结果，如图14-41所示。

图14-41

技巧17 设置自动关闭无响应的程序

在使用计算机的过程中，经常会遇到程序失去响应或死机的现象，给工作带来一定的影响，可以通过以下方法解决。

1. 方法一：自动关闭失去响应的应用程序

① 在"搜索"界面的搜索框中输入regedit，单击此程序图标打开"注册表编辑器"窗口。

② 在窗口的左侧依次展开**HKEY_CURRENT_USER\Control Panel\Desktop**子键。

❸ 在右侧窗格中，双击AutoEndTasks键值，打开"编辑字符串"对话框，在"数值数据"文本框中输入1，如图14-42所示。

图14-42

❹ 单击"确定"按钮，关闭"注册表编辑器"窗口，刷新后即可生效。

提 示

若在"注册表编辑器"的右侧窗格中找不到AutoEndTasks字符串值时，可以按照上面介绍的方法新建一个键值。

2. 方法二：自动卸载不再使用的DLL文件

❶ 打开"注册表编辑器"窗口，在窗口的左侧依次展开HKEY_LOCAL_MACHINE\SOFTWARE\Microsoft\Windows\CurrentVersion\Explorer子键。

❷ 双击AlwaysUnloaDLL字符串，打开"编辑字符串"对话框，在"数值数据"文本框中输入1，如图14-43所示。

图14-43

③ 单击"确定"按钮后，关闭"注册表编辑器"窗口，重启计算机后生效。

技巧18 关闭Windows 8系统搜索索引

在默认状态下，Windows 8系统会在后台不断生成搜索索引。虽然它可以帮助用户更快地搜索到想要的文件，但是它同样会占用一定的系统资源。如果搜索的使用率不是很高，可以通过设置将它关闭。

① 在"搜索"界面的搜索框中输入services.msc，单击此程序图标，打开"服务"窗口。

② 在"服务"窗口中找到Windows Search服务，如图14-44所示。

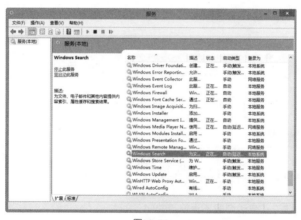

图14-44

③ 双击该服务，打开"Windows Search的属性"对话框，选择"常规"选项卡，在"启动类型"下拉列表中选择"禁用"选项，如图14-45所示。

④ 设置完成后，单击"确定"按钮即可。

图14-45

第 *15* 章

系统安全管理

15.1 扫描和保护系统安全

技巧1 判断计算机上是否已安装了防病毒软件

Windows 8的操作中心可以自动判断系统中是否已经安装了防病毒软件，如果没有安装，操作中心会弹出提示信息。另外，用户也可以手动进行检查，方法如下。

❶ 将鼠标放置在桌面的左下角，弹出"开始"屏幕小窗口，在小窗口上单击鼠标右键，在弹出的菜单中选择"控制面板"命令，打开控制面板。

❷ 在"小图标"查看方式下，选择"操作中心"选项，如图15-1所示。

图15-1

❸ 打开"操作中心"窗口，选择"安全"选项，即可展开详细列表，在"病毒防护"栏中可看到是否安装了防病毒软件，如图15-2所示。

图15-2

技巧2 手动更新Windows Defender

　　Windows Defender具有查杀间谍软件和流氓软件的功能，和杀毒软件一样，在使用时最好保证其是最新的，所以在使用前要对其进行更新。

　① 在"所有控制面板项"窗口中选择Windows Defender选项，如图15-3所示。

图15-3

　② 打开Windows Defender窗口，选择"更新"选项卡，单击"更新"按钮，如图15-4所示。

图15-4

　③ 程序开始检查更新，如果有新的更新，程序将自动进行操作，如图15-5所示。

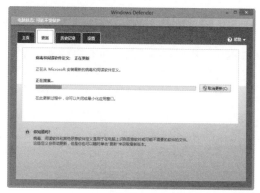

图15-5

技巧3 打开Windows Defender实时保护

开启Windows Defender实时保护功能，可以最大限度地保护系统安全，方法如下。

1 在Windows Defender窗口中打开"设置"选项卡，在左侧列表框中选择"实时保护"选项，然后选中"启用实时保护"复选框，如图15-6所示。

图15-6

2 单击"保存更改"按钮即可。

技巧4 使用Windows Defender扫描计算机

如果怀疑计算机被植入了间谍程序或恶意软件，可以使用Windows Defender扫描一下计算机。

1 打开Windows Defender窗口，选择"主页"选项卡，在"扫描选项"栏中选择一种扫描方式，如果是第一次扫描，建议选择"完全"选项，如图15-7所示。

图15-7

2 单击"立即扫描"按钮，即可开始扫描电脑，如图15-8所示。

图15-8

提 示

选中"自定义"选项，然后单击"立即扫描"按钮，在打开的对话框中可以自定义所要扫描的磁盘或者文件夹。

技巧5 设置排除的文件类型提高扫描速度

如果确定某些文件类型的安全性，可以排除扫描这些文件，提高扫描的速度。

① 打开Windows Defender窗口，选择"设置"选项卡。

② 在左侧列表框中选择"排除的文件类型"选项，然后在"文件扩展名"文本框中输入扩展名，单击"添加"按钮，如图15-9所示。

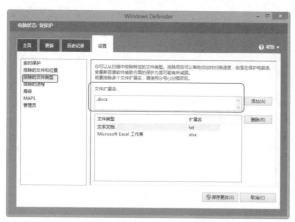

图15-9

③ 添加完成后，单击"保存更改"按钮即可。

提 示

Windows Defender窗口的"设置"选项卡中，选择"排除的文件和位置"选项，然后单击"浏览"按钮，在打开的对话框中选择排除的文件或磁盘，单击"确定"按钮，再单击"保存更改"按钮，即可排除扫描设置的文件夹或磁盘。

技巧6 启用Windows 8防火墙保护系统安全

大部分人工作和生活都离不开互联网，可是当前的互联网安全性实在令人堪忧，防火墙对于个人电脑来说就显得日益重要。在XP年代，Windows XP自带的防火墙软件仅提供简单和基本的功能，且只能保护入站流量，阻止任何非本机启动的入站连接，默认情况下，该防火墙还是关闭的，所以我们只能另外去选择专业可靠的安全软件来保护自己的电脑。而现在Windows 8就弥补了这个缺憾，全面改进了Windows 8自带的防火墙，提供了更加强大的保护功能。

Windows 8系统的防火墙设置相对简单很多，普通的电脑用户也可独立进行相关的基本设置。

① 打开"所有控制面板项"窗口，在"小图标"查看方式下，选择"Windows防火墙"选项，如图15-10所示。

图15-10

2 打开"Windows防火墙"窗口，选择窗口左侧的"启用或关闭Windows防火墙"选项，如图15-11所示。

图15-11

3 打开"自定义设置"窗口，选中"专用网络设置"和"公用网络设置"栏下的"启用Windows防火墙"选项，如图15-12所示。

4 设置完成后，单击"确定"按钮。

提 示

　　Windows 8提供了两种网络类型供用户选择使用：专用网络、来宾或公用网络，前者被Windows 8系统视为私人网络。所有网络类型，Windows 8都允许手动调整配置。另外，Windows 8系统中为每一项设置都提供了详细的说明文字，一般用户在动手设置前有不明白的地方先浏览一遍就可以。

图15-12

技巧7 设置防火墙中的程序和端口

为避免在开启Windows 8系统自带的防火墙后某些程序或服务出现问题，用户可以对防火墙中的设置进行更改。

① 打开"Windows防火墙"窗口，选择左侧的"允许应用或功能通过Windows防火墙"选项，如图15-13所示。

图15-13

② 打开"允许的应用"窗口，单击"更改设置"按钮，然后在列表框中选中允许的应用和功能复选框，如图15-14所示。

③ 设置完成后，单击"确定"按钮即可。

图15-14

> **提　示**
>
> 　　如果想要允许的程序不在程序列表中，单击"允许其他应用"按钮，打开"添加应用"对话框，添加所需应用程序即可。

15.2　设置网络安全

技巧8　清理网页浏览记录

　　在浏览网页时，IE地址栏中会留下网址，历史记录中会有网站地址，某些用户名和密码会保留在Cookie中，这些都会泄露个人隐私。因此，为确保这些个人信息不被泄露，需要定期清理网页浏览记录。

　　❶ 打开"所有控制面板项"窗口，在"小图标"查看方式下单击"Internet选项"链接，如图15-15所示。

图15-15

② 打开"Internet属性"对话框，选择"常规"选项卡，在"浏览历史记录"栏下单击"删除"按钮，如图15-16所示。

③ 打开"删除浏览历史记录"对话框，选中需要删除的历史记录项目复选框，如图15-17所示。

图15-16

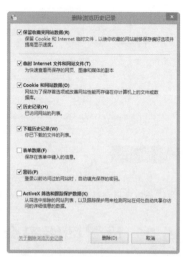

图15-17

④ 单击"删除"按钮，即可自动清理浏览记录，如图15-18所示，再单击"确定"按钮关闭对话框即可。

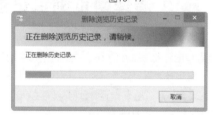

图15-18

提 示

在"Internet属性"对话框中，选中"退出时删除浏览历史记录"复选框，退出IE浏览器后系统将自动删除浏览记录。

技巧9 删除最近访问位置记录

在Windows 8系统中，打开计算机中的某个文件后，该文件会被保留至"这台电脑"窗口中"最近访问的位置"一项中，这就给用户带来了很大的安全隐患，非法用户通过该途径可以很容易地发现或窃取计算机中的文件和资料。因此，建议用户在每次退出系统前删除"最近访问的位置"中的记录。

❶ 双击桌面上的"这台电脑"图标，打开"这台电脑"窗口。

❷ 在窗口的左侧窗格中，右击"最近访问的位置"选项，在弹出的菜单中选择"清除最近使用的项目列表"命令即可，如图15-19所示。

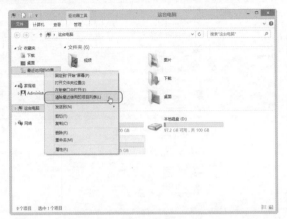

图15-19

技巧10　阻止黑客的Ping链接

Ping，即因特网包探索器，是用来检查网络是否通畅或者网络连接速度的命令。但是网络黑客会利用Ping命令抢占用户的网络资源，导致系统运行和网速变慢，以此来破坏目标工作站的运行安全。

为了阻止黑客通过Ping连接对自己的计算机进行破坏，通常可以在防火墙高级设置中建立一个阻止Ping链接的入站规则。

❶ 打开"控制面板"窗口，在"类别"查看方式下，选择"系统和安全"选项，如图15-20所示。

图15-20

②在打开的"系统和安全"窗口中选择"Windows防火墙"选项，如图15-21所示。

图15-21

③在打开的窗口的左侧选择"高级设置"选项，如图15-22所示。

图15-22

④打开"高级安全Windows防火墙"窗口，选择左侧窗格的"入站规则"选项，再选择右侧窗格的"新建规则"选项，如图15-23所示。

⑤打开"新建入站规则向导"窗口，在"规则类型"页面中选中"自定义"选项，单击"下一步"按钮，如图15-24所示。

⑥在打开的"程序"页面中，选中"所有程序"选项，单击"下一步"按钮，如图15-25所示。

图15-23

图15-24

图15-25

⑦ 在"协议和端口"页面中，单击"协议类型"下拉按钮，在下拉列表中选择ICMPv4选项，单击"下一步"按钮，如图15-26所示。

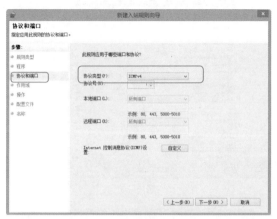

图15-26

⑧ 在"作用域"页面中，选中"任何IP地址"选项，单击"下一步"按钮，如图15-27所示。

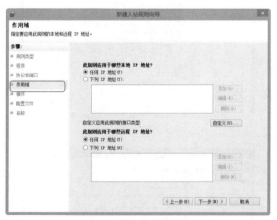

图15-27

⑨ 在"操作"页面中，选中"阻止连接"选项，单击"下一步"按钮，如图15-28所示。

⑩ 在"配置文件"页面中，选中"域"、"专用"和"公用"复选框，单击"下一步"按钮，如图15-29所示。

⑪ 在"名称"页面"名称"文本框中输入名称，如图15-30所示，单击"完成"按钮即可。

图15-28

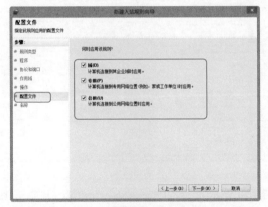

图15-29

图15-30

技巧11 阻止对注册表的远程访问

通过阻止对注册表的远程访问，可以有效地防止非法用户远程操控本地计算机，对系统注册表进行修改，从而提高计算机的安全性。

① 打开"搜索"界面，搜索框中输入regedit，打开"注册表编辑器"窗口。

② 在左侧窗格中依次展开HKEY_LOCAL_MACHINE\SYSTEM\CurrentControlSet\Control\SecurePipeServers\winreg子键。

③ 在右侧窗格的空白处，单击鼠标右键，选择"新建"→"DWORD（32位）值"命令，如图15-31所示。

图15-31

④ 将新建的DWORD值命名为RemoteRegAccess，双击该键值，在打开的对话框的"数值数据"文本框中输入1，如图15-32所示，单击"确定"按钮即可。

图15-32

技巧12 阻止广告窗口弹出

在浏览某些网站的时候，常常会遇到网页上弹出很多的广告窗口，这些广告窗口不仅干扰了用户浏览网站的视线，也对系统造成一定的安全隐患。用户可以对浏览窗口进行设置，阻止广告窗口的弹出。

❶ 打开IE浏览器，在菜单栏选择"工具"→"弹出窗口阻止程序"→"弹出窗口阻止程序设置"命令，如图15-33所示。

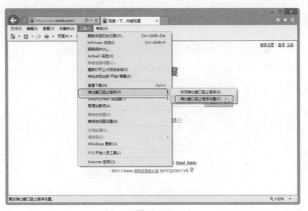

图15-33

❷ 打开"弹出窗口阻止程序设置"对话框，在"要允许的网站地址"文本框中输入允许来自特定网站弹出的窗口的网址，单击"添加"按钮，如图15-34所示。

图15-34

③ 添加完成后，单击"关闭"按钮即可。

技巧13 为计算机启用系统密钥

系统密钥使用程序Syskey为对抗密码破解软件建立了另一道防线，可以有效地保护数据库。

① 打开"搜索"界面，在搜索文本框中输入Syskey，单击搜索到的程序图标，打开"保证Windows帐户数据库的安全"对话框。

② 选中"启用加密"选项，再单击"更新"按钮，如图15-35所示。

图15-35

③ 打开"启动密匙"对话框，选中"密码启动"选项，并在"密码"和"确认"文本框中分别输入密码，如图15-36所示。

④ 单击"确定"按钮，打开"成功"提示对话框，如图15-37所示，单击"确定"按钮即可。

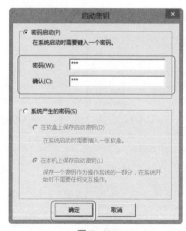

图15-36

图15-37

技巧14 过滤恶意插件或网页的设置

通过修改注册表中的设置，系统可以自动过滤恶意插件或带有病毒的网页，提高系统的防御能力。

❶ 打开"注册表编辑器"窗口，在左侧窗口依次展开HKEY_LOCAL_MACHINE\SYSTEM\CurrentControlSet\Services\Tcpip\Parameters子键。

❷ 在右侧窗格中的空白处单击鼠标右键，选择"新建"→"DWORD（32位）值"命令，将新建的DWORD值命名为EnableSecurityFilters。

❸ 双击该键值，在打开的对话框中的"数值数据"文本框中输入1，如图15-38所示，单击"确定"按钮即可。

图15-38

技巧15 禁止使用注册表

当系统被黑客攻击或感染病毒时，非法用户就有可能使用安全模式或伪装成授权用户登录系统，对注册表进行修改从而破坏系统。因此，为了确保系统不被破坏，用户可以通过修改登录系统的设置，来为计算机系统设置保护。

❶ 打开"注册表编辑器"窗口，在HKEY_LOCAL_MACHINE选项上单击鼠标右键，在弹出的菜单中选择"权限"命令，如图15-39所示。

❷ 打开"HKEY_LOCAL_MACHINE的权限"对话框，在"组或用户名"列表框中选中Everyone，然后在"Everyone的权限"列表框中取消选中"读取"后的复选框，如图15-40所示。

图15-39

图15-40

❸ 单击"确定"按钮，再关闭"注册表编辑器"窗口即可。

15.3 BitLocker驱动器加密

技巧16 **启用BitLocker**

Windows 8系统中自带了BitLocker驱动器加密功能，可以对硬盘分区中的文件进行加密，以保护文件不被未经授权的人查看，进一步保护了重要文件的安全性。

1 打开"所有控制面板项"窗口，在"小图标"查看方式下单击"BitLocker驱动器加密"链接，如图15-41所示。

图15-41

2 打开"BitLocker驱动器加密"窗口，在需要加密的驱动器分区右侧单击下拉按钮，再单击"启用BitLocker"链接，如图15-42所示。

图15-42

3 打开"BitLocker驱动器加密"对话框，选中"使用密码解锁驱动器"复选框，在"输入密码"文本框中输入密码，并再次输入密码以确认，如图15-43所示。

4 单击"下一步"按钮，选择保存恢复密钥的方式，为了保证保密的效果，这里选择"保存到U盘"选项，如图15-44所示。

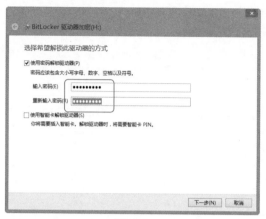

图15-43

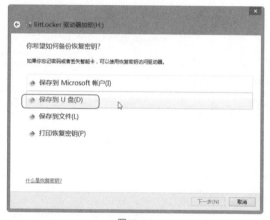

图15-44

⑤ 弹出"将恢复密钥保存到U盘"对话框，选择需存放密钥的盘符，如图15-45所示。

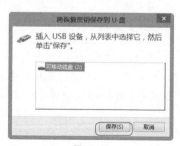

图15-45

⑥ 单击"保存"按钮，再单击"下一步"按钮，选择加密的方式。如果是新电脑、新分区，选择第一项；如果已经使用了一段时间，应选择第二项，这里选择"加密整个驱动器"选项，如图15-46所示。

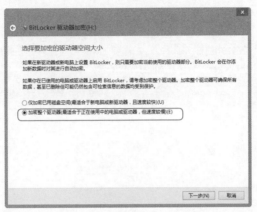

图15-46

⑦ 单击"下一步"按钮，提示"是否准备加密该驱动器？"，如图15-47所示。

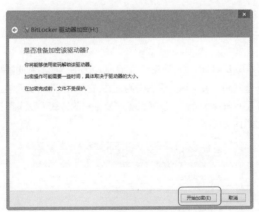

图15-47

⑧ 单击"开始加密"按钮，开始加密硬盘分区，等候一段时间后，加密完成，单击"关闭"按钮即可。

提　示

　　选中"自定义"选项，然后单击"立即扫描"按钮，在打开的对话框中可以自定义所要扫描的磁盘或者文件夹。

技巧17 加密U盘

Windows 8的BitLocker功能，不但可以加密硬盘分区，还可以使用附带的BitLocker To Go功能保护U盘，使移动办公、数据转移更加安全，不易被盗窃重要数据。

❶ 打开"这台电脑"窗口，右击需要加密的U盘盘符，在弹出的快捷菜单中选择"启用BitLocker"命令，如图15-48所示。

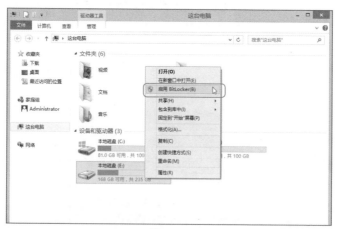

图15-48

❷ 打开"BitLocker驱动器加密"对话框，选中"使用密码解锁驱动器"复选框，在"输入密码"文本框中输入密码，并再次输入密码以确认。

❸ 单击"下一步"按钮，选择保存恢复密钥的方式，这里选择"保存到文件"选项，如图15-49所示。

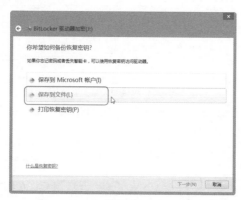

图15-49

④ 在打开的对话框中选择恢复密钥保存的位置，如图15-50所示，单击"保存"按钮。为了保证保密效果，将文件转移到其他电脑或服务器上，再单击"下一步"按钮。

图15-50

⑤ 选择加密的方式，这里选择"加密整个驱动器"选项，单击"下一步"按钮，再单击"开始加密"按钮，即可开始加密。

技巧18 管理BitLocker

BitLocker的管理项目十分丰富，可以重新保存或打印恢复密钥文件，如果不再需要加密功能，可以禁用BitLocker，使加密的分区或移动存储设备恢复到普通的状态。

① 打开"这台电脑"窗口，右击需要管理的盘符，在弹出的快捷菜单中选择"管理BitLocker"命令，如图15-51所示。

图15-51

②在打开的对话框中可以选择要管理的项目,如选择"再次保存或打印恢复密钥"选项,如图15-52所示。

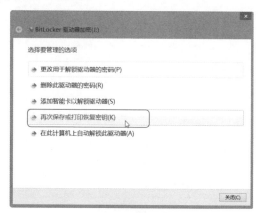

图15-52

③在打开的对话框中选择保存恢复密钥的方式,如图15-53所示,这里选择"保存到文件"选项,在打开的对话框中选择保存的位置,单击"保存"按钮即可。

图15-53

技巧19 更改BitLocker密码

如果觉得密码不安全,可以对密码进行更改。

①打开"这台电脑"窗口,右击需要修改密码的盘符,在弹出的快捷菜单中选择"更改BitLocker密码"命令,如图15-54所示。

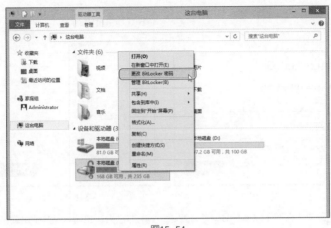

图15-54

2 在打开的对话框中输入"旧密码"、"新密码"和"确认新密码",如图15-55所示。

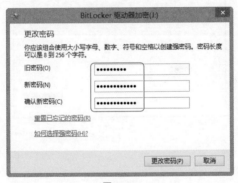

图15-55

3 单击"更改密码"按钮即可完成密码更改。

技巧20 恢复密钥的使用

使用BitLocker后,遗忘加密密码时,之前保存的恢复密钥文件就显得尤为重要了。此时可以通过保存在U盘中的密钥,或者保存在文件中的密钥信息打开被加密的分区或U盘。

1 打开"这台电脑"窗口,双击忘记密码的加密分区,在弹出的提示框中单击"更多选项"链接,如图15-56所示。

2 在展开的界面中单击"输入恢复密钥"链接,如图15-57所示。

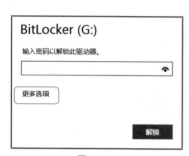

BitLocker (G:)
输入密码以解锁此驱动器。
更多选项
解锁

图15-56

BitLocker (G:)
输入密码以解锁此驱动器。
更少选项
输入恢复密钥
在此电脑上自动解锁
解锁

图15-57

3 使用保存了密钥的U盘进行解锁，连接U盘后，单击“从U盘加载密钥”链接，如图15-58所示，即可完成解密操作。

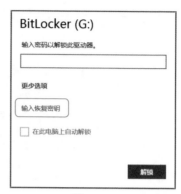

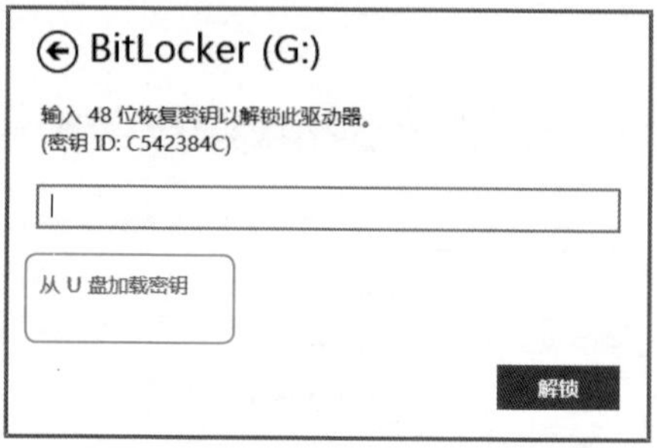
BitLocker (G:)
输入 48 位恢复密钥以解锁此驱动器。
(密钥 ID: C542384C)
从 U 盘加载密钥
解锁

图15-58

第 *16* 章

系统备份与还原

16.1 系统备份

技巧1 利用系统镜像备份Windows 8

Windows 8系统备份和还原功能中有"创建系统映像"功能，可以将整个系统分区备份为一个系统映像文件，以便日后恢复。如果系统中有两个或者两个以上系统分区（双系统或多系统），系统会默认将所有的系统分区都备份。

❶ 打开"所有控制面板项"窗口，在"小图标"查看方式下选择"Windows 7文件恢复"选项，如图16-1所示。

图16-1

❷ 打开"Windows 7文件恢复"窗口，在"备份或还原文件"栏下可看见"尚未设置Windows备份"，单击左侧窗格中的"创建系统映像"链接，如图16-2所示。

图16-2

③ 打开"你想在何处保存备份"页面，该对话框中列出了3种存储系统映像的设备，本例中选择"在一张或多张DVD上"选项，然后单击下面的列表框选择一个存储映像文件的分区，如图16-3所示。

图16-3

提 示

　　所选择的分区剩余空间必须要大于系统分区中的数据所占空间，不然将无法存储系统映像。

④ 单击"下一步"按钮，打开"您要在备份中包括哪些驱动器"页面，在列表框中可以选择需要备份的分区，这里选择系统默认选中的系统分区，如图16-4所示。

图16-4

⑤ 单击"下一步"按钮，打开"确认您的备份设置"页面，列出了用户选择的备份设置，如图16-5所示。

图16-5

⑥ 确认无误后，单击"开始备份"按钮，显示备份进度，备份完成后在弹出的对话框中单击"关闭"按钮，如图16-6所示。

图16-6

技巧2 对重要文件进行备份

除了备份分区以外，Windows 8自带的备份工具还可以对文件夹进行备份，具体操作如下。

① 打开"所有控制面板项"窗口，在"小图标"查看方式下单击"Windows 7文件恢复"选项，打开"Windows 7文件恢复"窗口，单击"设置备份"链接，如图16-7所示。

图16-7

2 打开"设置备份"对话框，在"选择要保存备份的位置"页面中，选择一个用来保存备份文件的分区，如图16-8所示。

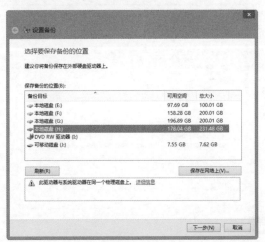

图16-8

3 单击"下一步"按钮，在"您希望备份哪些内容"页面中，有"让Windows选择"和"让我选择"两项。前者按系统默认设置备份，不一定能完全满足用户需要，但适合大多数用户；后者是按照用户自己的意思进行选择，用户可以自由选择需要备份的文件夹，比较灵活。这里选择"让我选择"选项，如图16-9所示。

4 单击"下一步"按钮，在"您希望备份哪些内容"页面列表中选择需要备份的分区或文件夹前的复选框，如图16-10所示。

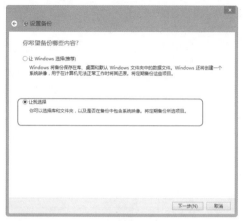

图16-9

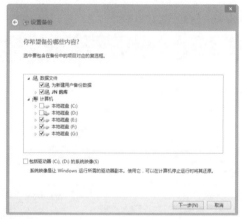

图16-10

提 示

这里默认会选中"包括驱动器(C:),(D:)的系统映像"复选框，这样的话就会在备份用户选定的文件夹的同时备份系统分区，但比较耗时。如果不想在这里创建系统映像，可以取消选中该选项。

⑤ 单击"下一步"按钮，在"查看备份设置"页面中列出了用户的备份设置，如图16-11所示。

⑥ 在此还可以设置备份计划，单击"查看备份设置"页面中的"更改计划"链接，在"您希望多久备份一次"页面中，设置备份的频率、时间等，如图16-12所示。

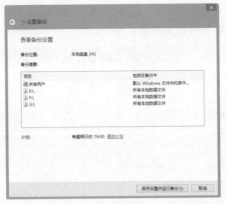

图16-11

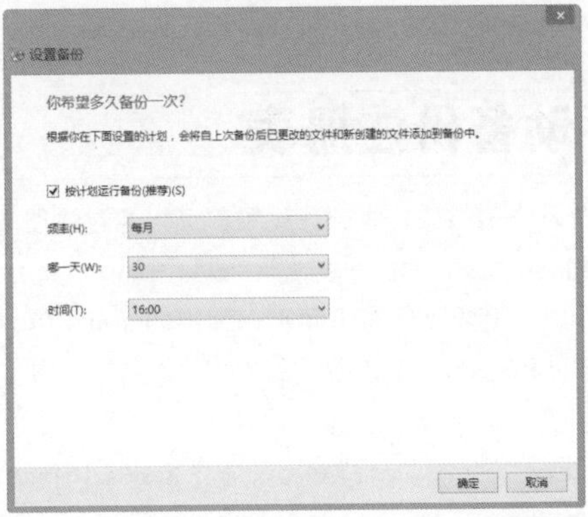

图16-12

⑦ 设置完成后，单击"确定"按钮，再单击"保存设置并运行备份"按钮，返回到"备份或还原文件"页面，即可开始备份，如图16-13所示。

图16-13

⑧ 单击 查看详细信息(I) 按钮，可以查看详细的备份信息和进度，如图16-14所示，接下来就是等待备份的完成了。

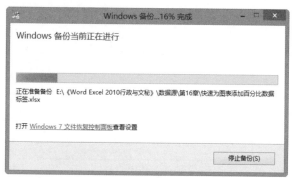

图16-14

技巧3 手动备份注册表

注册表是一个系统的核心，大部分设置都可以通过注册表来修改，所以对注册表文件进行备份很重要，以防系统出现问题。

① 将光标移到右上角（或右下角），弹出Charm菜单，单击"搜索"选项，在搜索框中输入Regedit，单击搜索到的程序图标，打开"注册表编辑器"窗口。

② 在菜单栏选择"文件"→"导出"命令（如图16-15所示），打开"导出注册表文件"对话框。

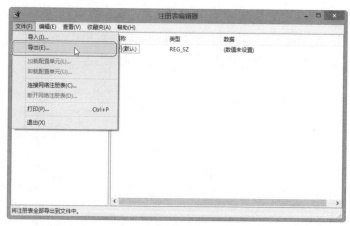

图16-15

③ 输入保存的文件名，并选择保存的位置，在"导出范围"栏选中"全部"选项，如图16-16所示。

图16-16

④ 设置完成后，单击"保存"按钮即可。

提 示

恢复注册表时，只需在"注册表编辑器"窗口菜单栏选择"文件"→"导入"命令，找到保存的注册表位置并选中，再进行导入即可。

16.2 系统还原

技巧4 恢复备份的文件

在对文件夹进行备份后，如果因为其他原因导致文件夹或文件夹中的文件损坏或丢失，可以使用先前备份的文件进行还原。

① 打开"Windows 7文件恢复"窗口，单击"选择其他用来还原文件的备份"链接，如图16-17所示。

② 打开"还原文件（高级）"对话框，在"选择你要用来还原文件的备份"页面中选择要还原的备份，如图16-18所示。

③ 单击"下一步"按钮，在"浏览或搜索要还原的文件和文件夹的备份"页面中选择要还原的文件，这里直接选中"选择此备份中的所有文件"复选框，还原所有文件，如图16-19所示。

图16-17

图16-18

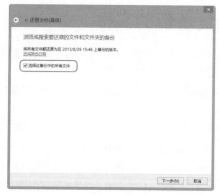

图16-19

④ 单击"下一步"按钮，打开"您想在何处还原文件"页面，选择"在原始位置"选项，如图16-20所示。

图16-20

提 示

若需要将文件还原到其他位置，则在此选择"在以下位置"选项，然后在下面的文本框中输入存储路径或单击"浏览"按钮选择存储路径。

⑤ 单击"还原"按钮，打开"正在还原文件"页面，开始还原文件。如果需要还原的文件还存在，则会弹出"此位置已包含同名文件"对话框，根据需要选择，这里选择"复制和替换"选项，如图16-21所示。

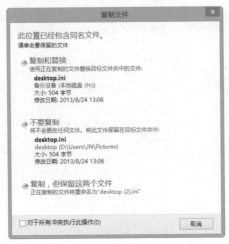

图16-21

⑥ 还原完成后，弹出"已还原文件"页面，单击"完成"按钮，如图16-22所示。

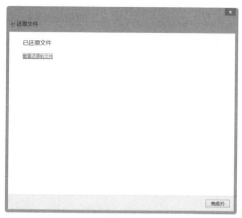

图16-22

技巧5 创建Windows 8还原点

在Windows 8中，同样可以创建还原点，进行系统还原。

① 右键单击桌面上的"这台电脑"图标，在弹出的菜单中选择"属性"命令，打开"系统"窗口，单击窗口左侧的"高级系统设置"链接（如图16-23所示），打开"系统属性"对话框。

图16-23

❷ 打开"系统保护"选项卡，在对话框右下角单击"创建"按钮，如图16-24所示。

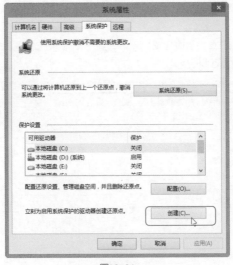

图16-24

❸ 打开"系统保护"对话框，在"创建还原点"文本框中输入还原点描述（就是用来标识该还原点的名称，相当于名字），如图16-25所示。

图16-25

❹ 单击"创建"按钮，系统即开始创建还原点，创建成功后会弹出对话框提示创建成功，如图16-26所示，单击"关闭"按钮。

图16-26

技巧6 利用创建的还原点对系统进行还原

创建了还原点后，当系统出现问题需要恢复时，使用以前创建的还原点即可，下面进行具体介绍。

❶ 打开"所有控制面板项"窗口，在"小图标"查看方式下，选择"恢复"选项，如图16-27所示。

图16-27

❷ 打开"恢复"窗口，单击"开始系统还原"链接，如图16-28所示。

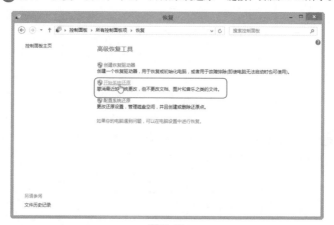

图16-28

❸ 打开"系统还原"窗口，可看到对还原的一些描述，单击"下一步"按钮，如图16-29所示。

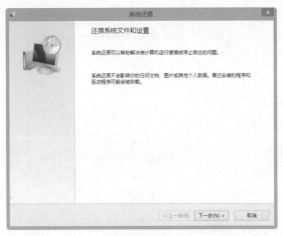

图16-29

❹ 在"将计算机还原到所选事件之前的状态"页面中,选择一个需要使用的还原点,如最近一次,如图16-30所示。

图16-30

❺ 单击"下一步"按钮,在"确认还原点"页面中,单击"完成"按钮,如图16-31所示。

❻ 弹出提示对话框,提示还原启动后,系统还原不能中断,如图16-32所示。

❼ 单击"是"按钮,系统开始还原系统,还原成功后会自动重新启动系统。

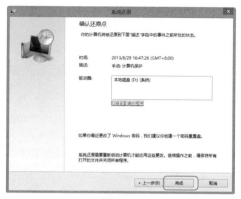

图16-31

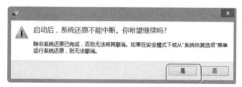

图16-32

技巧7 手动恢复回收站中被误删的内容

若不小心误删了回收站中的内容，还想找回来，可用以下方法进行恢复。

❶ 打开"注册表编辑器"窗口，依次展开到HKEY_LOCAL_MACHINE\ SOFTWARE\Microsoft\Windows\CurrentVersion\Explorer\Desktop\NameSpace分支，右击NameSpace，在展开的快捷菜单中选择"新建"→"项"命令，如图16-33所示。

图16-33

2 将新建的项命名为645FFO40-50101-101B-9F010-00AA002F954E，双击右侧窗格中的"默认"名称，打开"编辑字符串"对话框，在"数值数据"文本框中输入"回收站"，如图16-34所示。

图16-34

3 单击"确定"按钮，退出"注册表编辑器"，重启计算机即可。

第 17 章

Windows 8常见
故障处理

技巧1 Windows 8 默认字体丢失怎么办

Windows 8下的新版雅黑字体拥有像素清晰、字体柔和等特点，让很多用户青睐。如果因误操作或其他原因导致默认的新版雅黑字体丢失，可以使用如下方法找回。

1 打开"控制面板"窗口，在"类别"查看方式下单击"外观和个性化"选项，如图17-1所示。

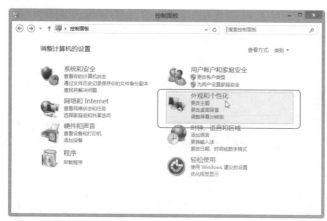

图17-1

2 打开"外观和个性化"窗口，单击"字体"栏下的"更改字体设置"链接，如图17-2所示。

图17-2

❸ 在"字体设置"窗口中，单击"还原默认字体设置"按钮，即可恢复Windows 8默认的新版雅黑字体，如图17-3所示。

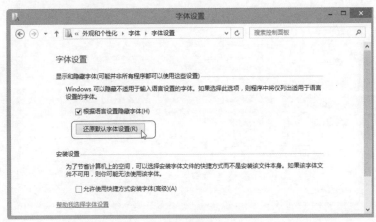

图17-3

技巧2 Windows 8下无法运行可执行文件怎么办

如果在Windows 8中遇到了可执行程序无法运行，提示"文件没有与之关联的程序来执行"，可以尝试使用如下方法解决。

❶ 打开"记事本"，输入如下内容：

```
Windows Registry Editor Version 5.00
[HKEY_CLASSES_ROOT.exe]
@="exefile"
"Content Type"="application/x-msdownload"
[HKEY_CLASSES_ROOT.exePersistentHandler]
@="{0910f2470-bae0-11cd-b579-010002b30bfeb}"
```

❷ 输入完成后，选择"文件"→"另存为"菜单命令，在"另存为"对话框中设置保存路径，在"文件名"文本框中输入文件名"XX.reg"（如"恢复exe文件关联.reg"，扩展名一定要是".reg"，".reg"是注册表文件扩展名），如图17-4所示。

❸ 单击"保存"按钮保存文件，然后双击该文件，在弹出的"注册表编辑器"对话框中单击"是"按钮即可，如图17-5所示。

图17-4

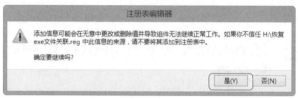

图17-5

技巧3 系统启动文件丢失怎么办

Windows 8和其他系统一样，不可避免地会出现崩溃的情况。有时候，用户想通过Windows诊断软件查看崩溃记录，但是发现Memory.dmp文件中并没有查到相关记录，解决方法如下。

❶ 右键单击桌面上的"这台电脑"图标，在弹出的菜单中选择"属性"命令，打开"系统"窗口。

❷ 在窗口左侧单击"高级系统设置"链接，打开"系统属性"对话框。打开"高级"选项卡，在"启动和故障恢复"栏中单击 设置(T)... 按钮，如图17-6所示。

❸ 打开"启动和故障恢复"对话框，在"系统失败"栏中选中"将事件写入系统日志"复选框，如图17-7所示。

❹ 最后依次单击"确定"按钮即可。`

图17-6　　　　　　　　　　　　　　　图17-7

技巧4　解决Windows 8下DVD光驱驱动无法找到的问题

在Windows 8中，当DVD光驱不能被系统所识别，在设备管理器中只是一个感叹号，并显示数据签名有问题"Windows不能验证此设备的数据签名……"，遇到这个问题时可以尝试使用一下方法解决。

❶ 将鼠标放置在桌面的左下角，弹出"开始"屏幕小窗口，在小窗口上单击鼠标右键，在弹出的快捷菜单中选择"命令提示符（管理员）"命令，如图17-8所示。

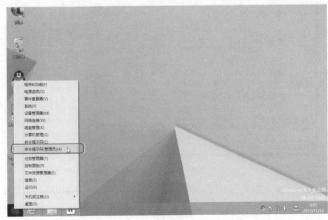

图17-8

② 打开"管理员：命令提示符"窗口，输入命令"bcdedit /set loadoptions ddis-able_integrity_checks"，按Enter键即可，如图17-9所示。

图17-9

技巧5 利用Windows 8自带的问题检测功能

在Windows 8系统中，有一项强大的"故障诊断"功能，使得用户可以通过向导来解决系统运行中出现的问题，具体操作方法如下。

① 打开"控制面板"窗口，在"类别"查看方式下，选择"系统和安全"栏下的"查找并解决问题"选项，如图17-10所示。

图17-10

② 打开"疑难解答"窗口，选择要解决的疑难问题，这里以"音频录制疑难解答"为例进行介绍。选择"硬件和声音"栏下的"音频录制疑难解答"选项，如图17-11所示。

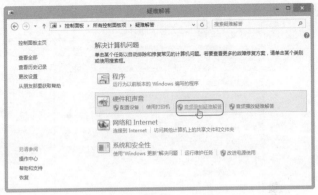

图17-11

③ 打开"录制音频"对话框，如图17-12所示，直接单击"下一步"按钮，即会开始检查音频设备驱动程序。

图17-12

④ 检测完驱动程序后，即可检测出大致问题，如图17-13所示，提示"插入 麦克风 或者 耳机"。

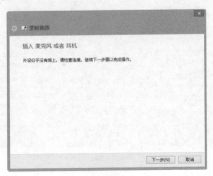

图17-13

⑤ 单击"下一步"按钮，在弹出的页面中提示"疑难解答已完成"，如图17-14所示，单击"关闭"按钮，关闭对话框即可。

图17-14

技巧6 解决部分软件无法安装的问题

在Windows 8系统中，经常会出现部分软件无法正常安装的问题，具体操作方法如下。

① 将鼠标放置在桌面的左下角，弹出"开始"屏幕小窗口，在小窗口上单击鼠标右键，在弹出的快捷菜单中选择"命令提示符（管理员）"命令。

② 打开"管理员：命令提示符"窗口，在光标后输入"reg delete HKLM\SOFTWARE\Microsoft\SQMClient\Windows\DisabledSessions /va /f"，然后按Enter键，如图17-15所示。

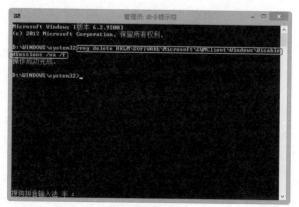

图17-15

③ 关闭窗口，然后重新启动计算机即可。

技巧7　使用Windows 8问题步骤记录器

Windows 8中有一项用户并未熟知的功能——问题步骤记录器。在系统出现问题时，使用"问题步骤记录器"可以查看相关操作系统执行步骤。Windows 8问题步骤记录器的功能远远大于远程协助的功能，所以学会使用Windows 8问题步骤记录器是比较实用的。

❶ 打开"搜索"界面，在搜索框中输入psr，然后单击搜索到的程序图标，打开"步骤记录器"功能窗口，如图17-16所示。

图17-16

❷ 单击"开始记录"按钮，该记录器会在每次屏幕显示转换时，记录下相关的截屏，如图17-17所示，这样用户就可以记录在操作过程中的详细步骤了。

图17-17

❸ 如果在操作的过程中，需要对某处的步骤加以补充说明，可以单击"添加注释"按钮，在弹出的对话框中输入要注释的内容。

❹ 录制完成后，单击"停止记录"按钮，即会展现记录的操作步骤，如图17-18所示。

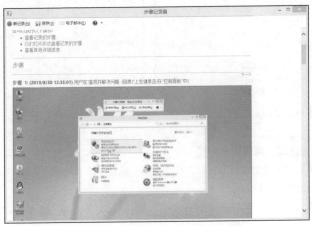

图17-18

⑤ 单击"保存"按钮，打开"另存为"对话框，输入保存的文件名，并选择保存位置，单击"保存"按钮即可。

技巧8 快速解决关机后自动重启的问题

Windows 8系统有时在执行关机命令后，电脑却总是自动重启，造成这个故障的主要原因是系统设置和网线网卡问题。

1. 方法一：系统设置的问题

① 右击桌面上的"这台电脑"图标，在弹出的菜单中选择"属性"命令，打开"系统"窗口。

② 在窗口的左侧选择"高级系统设置"选项，打开"系统属性"对话框。在"高级"选项卡中，单击"启动和故障恢复"栏下的"设置"按钮，如图17-19所示。

③ 打开"启动和故障恢复"对话框，在"系统失败"栏下，取消选中"自动重新启动"复选框，如图17-20所示。

图17-19

图17-20

④ 单击"确定"按钮，返回到"系统属性"对话框，再单击"确定"按钮即可。

2. 方法二：网线网卡问题

① 打开"控制面板"窗口，在"类别"查看方式下，选择"硬件和声音"选项，如图17-21所示。

② 打开"硬件和声音"窗口，单击其中的"电源选项"链接，如图17-22所示。

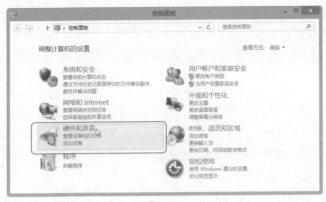

图17-21

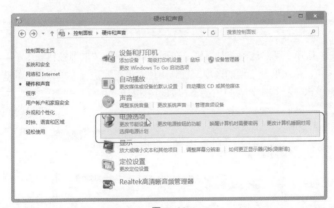

图17-22

❸ 打开"电源选项"窗口，单击"平衡"单选项后的"更改计划设置"链接，如图17-23所示。

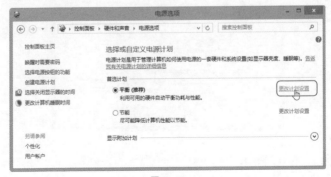

图17-23

④ 打开"编辑计划设置"窗口，单击"更改高级电源设置"链接，如图17-24所示。

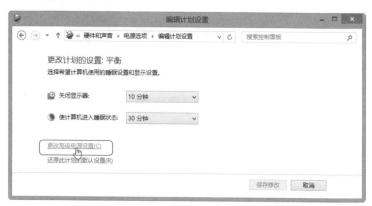

图17-24

⑤ 打开"电源选项"对话框，在列表框中单击"电源按钮和盖子"前面的⊞按钮，依次展开下面的选项，直到出现"设置"选项，单击后面的蓝色文字，再单击下拉按钮，在弹出的下拉列表中选择"关机"命令，如图17-25所示，单击"确定"按钮。

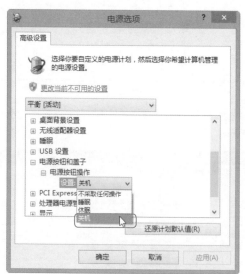

图17-25

⑥ 执行完以上的操作后，还要对网卡选项进行相关设置。右击桌面上的"这台电脑"图标，在弹出的菜单中选择"属性"命令，打开"系统"窗口，选

择窗口左侧的"设备管理器"选项，如图17-26所示。

图17-26

❼ 打开"设备管理器"窗口，单击"网络适配器"左侧的三角按钮，即可显示下面的网卡，右击此网卡，在弹出的菜单中选择"属性"命令，如图17-27所示。

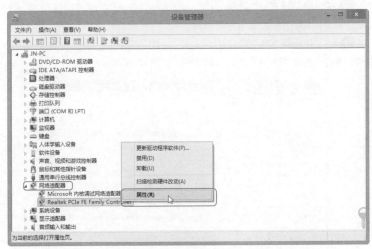

图17-27

❽ 打开其"属性"对话框，选择"电源管理"选项卡，取消选中"允许此设备唤醒计算机"复选框，如图17-28所示。

❾ 依次单击"确定"按钮即可。

图17-28

技巧9 清除使用应用程序记录

在Windows 8系统中，会记录用户使用了哪些程序的功能，以及使用持续时间、占用的网络资源等信息，这对用户造成了一定安全隐患，可以利用下面方法清除。

❶ 按Ctrl+Shift+Esc快捷键，或右击任务栏，在弹出的菜单中选择"任务管理器"命令，启动新版的任务管理器。

❷ 在"任务管理器"窗口中，选择"进程"选项卡，显示了当前使用CPU时间、内存、磁盘和网络带宽的详细视图，如图17-29所示。

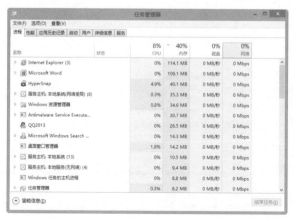

图17-29

❸ 切换到"应用历史记录"选项卡，显示了使用过的应用程序CPU执行指

令时所用的时间长度、网络活动的流量等，单击"删除使用情况历史记录"链接即可，如图17-30所示。

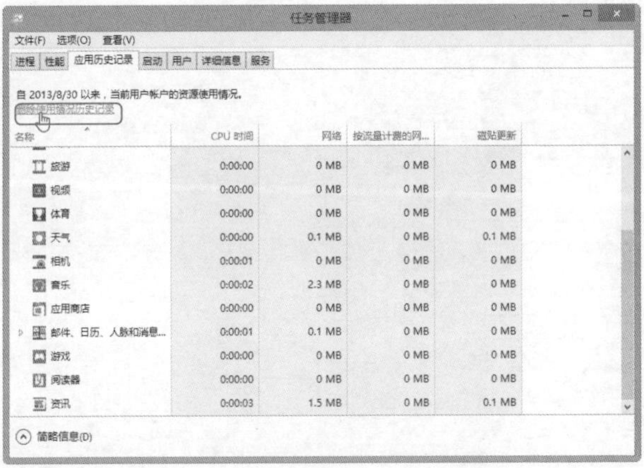

图17-30

技巧10　Windows 8应用商店丢失怎么办

在使用Windows 8时，会发现"应用商店"无缘无故丢失，这是因为用户优化清理Windows 8导致的，目前一些优化清理软件还未兼容Windows 8，会导致误清理现象。

1. 方法一

❶ 按Windows+Q快捷键，弹出"搜索"界面，在搜索文本框中输入"应用商店"。

❷ 如果能找到，右击"应用商店"程序图标，单击"固定到'开始'屏幕"按钮，如图17-31所示。

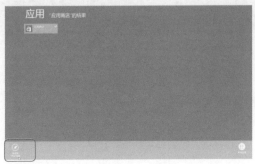

图17-31

2. 方法二

① 按Windows+X快捷键，在弹出的菜单中单击"命令提示符(管理员)"命令，如图17-32所示。

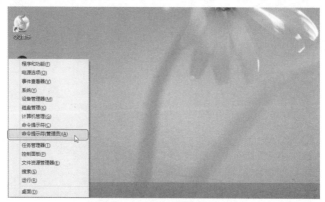

图17-32

② 打开"管理员：命令提示符"窗口，输入"sfc /scannow"命令，按Enter键，系统就会自动验证被损坏的文件，然后自动修复，如图17-33所示。

图17-33